全国新闻出版系统职业技术学校统编教材

印刷概论

全国新闻出版系统职业技术学校统编教材审定委员会 组织编写

主 编 李 子
参 编 陆亚萍 李新宇
　　　 任 伟 张永彬
主 审 吴 鹏

文化发展出版社
Cultural Development Press

内容提要

本书作为印刷专业基础课，是印刷、包装专业学生和印刷行业初、中级技工的必修课程。全书分七章，以印刷工艺为主线，按照印前、印刷、印后工艺的排列顺序，对目前正在使用的各种工艺进行了较详细的介绍。在最后一章，以常见印刷品的印制工艺为主线，对分散在各章节的知识点进行复习、归纳，让学生了解各章节之间的联系，能够根据各种常见印刷品的特点和要求选择所需的最佳印制工艺流程。

本书适合作为印刷、包装专业学生的专业教材，也可作为相关人员的参考用书，还可用于印刷、包装工种的职业技能培训和鉴定参考教材以及在职技术人员的培训教材。

图书在版编目（CIP）数据

印刷概论/李予主编．—北京：文化发展出版社，2015.10（2024.9重印）

全国新闻出版系统职业技术学校统编教材

ISBN 978-7-80000-812-2

I.印… II.李… III.印刷－教材 IV.TS8

中国版本图书馆CIP数据核字(2009)第006385号

印刷概论

主　　编：李　予

参　　编：陆亚萍　李新宇　任　伟　张永彬

主　　审：吴　鹏

责任编辑：李　毅　　　　　　　　责任校对：岳智勇

责任印制：邓辉明　　　　　　　　责任设计：韦思卓

出版发行：文化发展出版社有限公司（北京市翠微路2号 邮编：100036）

网　　址：www.wenhuafazhan.com

经　　销：各地新华书店

印　　刷：北京虎彩文化传播有限公司

开　　本：787mm×1092mm　1/16

字　　数：160千字

印　　张：7.75

印　　次：2024年9月第1版第21次印刷

定　　价：35.00元

ISBN：978-7-80000-812-2

◆ 如发现印装质量问题请与我社发行部联系　直销电话：010-88275710

全国新闻出版系统职业技术学校统编教材

第一批

第二批

出版说明

新闻出版总署发布的印刷业"十一五"发展指导实施意见提出，要在 2010 年把我国建设成为全球主要的印刷基地之一，"十一五"末期我国印刷业总产值达到 4400 亿元。迅猛发展的产业形势对印刷人才的培养和教育工作提出了更高的要求。新闻出版系统中等职业技术学校作为专业人才培养的重要阵地必须因循产业发展的需求做出相应的变革和创新。其中，教材作为必不可少的教学工具，也必须紧跟产业形势，体现产业技术和管理发展的最新成果。

总署一直十分重视和支持系统内中等职业技术学校教材建设工作，于 1995 年专门成立了印刷类专业教材编审委员会，组织有关学校的教师和行业专家规划、编写了电脑排版、平版制版和平版印刷三个专业的 9 本专业课统编教材。这批教材突出技工学校印刷类专业教育、教学的特点，陆续出版之后一举扭转了相关专业教材陈旧落后的局面，对近十几年技能型印刷专业人才的培养做出了很大贡献。但近年来，随着印刷专业技术的飞速发展和职业教育改革的不断深化，无论在体系、内容还是形式上都显露出一些问题，有的还比较突出，亟需根据新的形势进行必要的调整和革新。

2006 年，汇集了国内相关院校教学骨干的全国新闻出版系统职业技术学校教材审定委员会经新闻出版总署批准成立。委员会的首要任务就是根据新的产业形势，做好系统内院校印刷及相关专业统编教材的更新换代工作。委员会成立后，先后三次召开专题工作会议，明确了新版教材的编写指导思想，首批 7 本统编教材《拼晒版与打样实训教程》《印刷实训指导手册》《印前工艺》《印后加工》《柔性版印刷工艺》《印刷机械基础》《印刷机械电气控制》已全部出版。

首批 7 本教材出版后，得到各中职院校的广泛采用及热烈评价，各学校普遍反映新教材的编写适应了当前对中职院校注重实践操作与理论教学相结合的教学目的，体现了"项目驱动""案例教学"。首批教材的出版标志着新版统编教材的编写工作迈出了实质性的第一步。

根据委员会的规划，2007 年又连续多次召开了第二批教材编写会议，确定提纲，落实主编及各中职院校参编作者。第二批统编教材一共 8 本，分别是《印刷概论》《印刷材料》《平版印刷工艺》《印刷品质量检测与控制》《印刷机结构与调节》《电脑排版工艺》（上、下册）《包装概论》《包装印刷工艺》。第二批教材继续保持第一批教材的鲜明特点及编写方式，具有鲜明的实践性、前瞻性特征，能更好地满足有关院校的教学需要。比如，《印刷品质量检测与控制》首次被纳入新闻出版系统职业技术学校统编教材出版体系，该书有针对性地介绍了通用型印刷品以及书刊、包装、报纸等主流印刷品质量检测与控制的工具、方法，有助于学生适应不同工作岗位的要求；《平版印刷工艺》突破传统教材特点，结合具体案例进行分析和讲解，使学生加深对工艺过程的认识和掌握；《印刷机结构与调节》以"任务驱动"方式突出介绍了国内企业使用较多的进口胶印机和国产胶印机型，更贴近企业对中职院校学生掌握常见机型操作的要求。

从整体上看，这15本教材紧密结合中职院校的教学需求，较好贯彻了委员会的教材编写指导思想，在选题和编写模式上都有了很大突破。新版统编教材主要突出以下显著特点：

1. 面向职业需求，突出实践导向。面向实践，针对企业需求制定有针对性的课程内容，争取使培养出来的学生能较快融入到生产实践中。

2. 关注持续成长，注意延伸学习。在突出实践导向的同时，注意各知识点的延伸性，培养学生的持续学习能力，举一反三，以适应企业的不同需要。

3. 强调任务驱动，理论适度够用。引入职业教育流行的任务驱动理念，明确每一教学单元的培养目标和知识点、技能点，知识教学和技能训练交叉进行。

4. 重视双证融通，接轨技能标准。注重教材内容与职业技能鉴定标准的衔接，以体现职业教育双证融通的特点。

5. 丰富教材体系，适应教改要求。突破纯技术教学倾向，在技术性课程之外，增加营业、计价和营销等业务员相关知识，扩展学生就业面。

第二批中职教材的出版，标志着新版统编教材的编写工作已经在稳步前进。希望有关院校在总结已有经验的基础上继续做好后续教材的编写工作。同时，由于教材编写是一项复杂的系统工程，难度很大，也希望有关院校的师生及行业专家不吝赐教，将发现的问题及时反馈给我们，以利于我们改进工作，真正编出一套能代表当今产业发展需求，体现职业教学特点的高水平教材。

全国新闻出版系统职业技术学校
统编教材审定委员会
2008 年 8 月

前　言

《印刷概论》这本教材是在国家新闻出版总署人教司指导下，由全国新闻出版系统职业技术学校统编教材审定委员会和印刷工业出版社共同组织全国新闻出版系统职业技术学校专业骨干教师编写的。

《印刷概论》作为印刷专业基础课，是印刷、包装专业学生和印刷行业初、中级技工的必修课程。本教材突出职业教育特色，充分考虑了培养技能型人才需要的知识和学生的接受能力，力求在全面反映印刷发展过程的基础上体现新知识、新技术、新工艺的应用，在内容翔实、循序渐进的同时做到简明易懂、图文并茂。通过本课程的教学，使印刷专业学生对印刷的历史和发展趋势有一个总体了解，对各种印刷技术及其工艺原理、工艺流程有初步认识，掌握基本的印刷术语和概念，为学习其他专业课程打好基础。

全书共分七章。以印刷的发展过程和工艺技术的演变为引线，对曾经在印刷中使用但现已很少使用的各种印刷工艺进行了简要叙述。以印刷工艺为主线，按照印前、印刷、印后工艺的排列顺序，对目前正在使用的各种工艺进行了较详细的介绍。在最后一章，以常见印刷品的印制工艺为主线，对分散在各章节的知识点进行复习、归纳，让学生了解各章节之间的联系，能够根据各种常见印刷品的特点和要求选择所需的最佳印制工艺流程。

本教材由河南省新闻出版学校李予主编和统稿，河南省新闻出版学校李新宇、任伟，江苏省新闻出版学校陆亚萍，安徽省新闻出版职业技术学院张永彬参加编写。由安徽省新闻出版职业技术学院副院长吴鹏主审。

本书在编写过程中借鉴了许多印刷界专家学者的宝贵经验，得到了全国新闻出版系统各职业技术学校，特别是河南省新闻出版学校、江西省新闻出版职业技术学院、安徽省新闻出版职业技术学院的大力支持，在此向他们表示衷心的感谢。

本书可能会有很多不足之处，真诚希望广大读者将发现的问题反馈给我们，以便在再版时订正。

编　者

2008 年 12 月

目　　录

第一章

印刷发展史简述

应知要点：

1. 了解印刷术的起源和发展。

2. 了解各种印刷术。

3. 了解印刷的重要性。

应会要点：

1. 发现生活中的印刷品。

2. 熟悉各种印刷术名称。

第一节　观察各种印刷品

【任务】认识生活中的印刷品，了解印刷与生活的关系。

【分析】从对生活中印刷品的观察，引导学生接触印刷，了解印刷的重要性，并知道生产印刷品有多种方法。

王芳同学在一天的学习、生活中使用和接触了许多物品。早晨起床后，她取出有薄荷图案的牙膏，用一把蓝色手柄的牙刷刷牙，用彩色条纹的毛巾在有金鱼图案的搪瓷脸盆里洗脸。吃早餐时，她用有学校大门图片的饭卡购买早餐，用有卡通图案的纸杯喝牛奶。课堂上，每门课她都使用不同的教材，所有的文具都放在漂亮的文具盒里。放学后，她查阅了交通地图，来到邮局，用钞票购买了邮票、信封，给朋友寄去了新年贺卡。晚上，她来到学校阅览室浏览报纸、杂志……

想一想：王芳同学在一天的学习、生活中使用和接触了哪些印刷品？

……

印刷品是使用印刷技术生产出来的各种产品的总称。环顾我们周围，会发现种类繁多、五花八门的印刷品，它们在传播知识、交流信息、再现艺术、装潢商品、美化生活、制作票证等方面发挥着不可替代的作用。

下面来观察一些印刷品图片（如图 1-1 所示），它们大多数看起来很熟悉，是我们生活中常见和常用的物品。它们当中，有的只能用一种方法来印刷，有的可以用几种不同的方法来印刷，也有的印刷品需要同时用几种印刷方法才能制作出来。

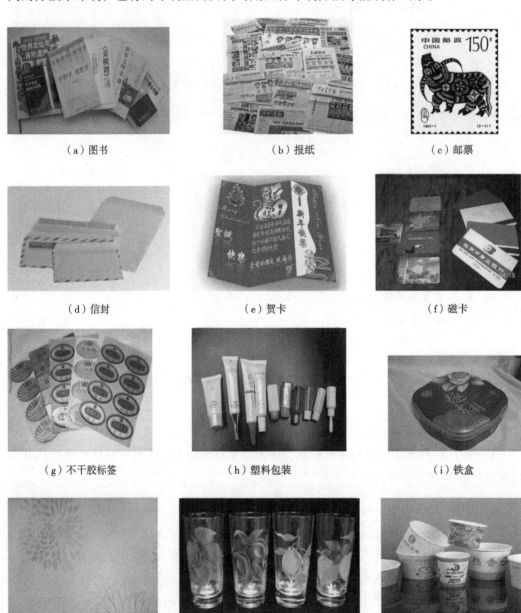

（a）图书　　　　　　　　　　（b）报纸　　　　　　　　　　（c）邮票

（d）信封　　　　　　　　　　（e）贺卡　　　　　　　　　　（f）磁卡

（g）不干胶标签　　　　　　　（h）塑料包装　　　　　　　　（i）铁盒

（j）壁纸　　　　　　　　　　（k）玻璃杯　　　　　　　　　（l）纸杯

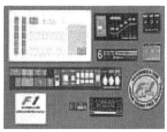

（m）标牌　　　　　　　　　　　　　（n）电路板

（o）陶瓷　　　　　　　　（p）雨衣　　　　　　　　（q）地图

图1-1　印刷品图片

由此可见，在现代社会的政治、经济、文化、生活的各个领域，人们时时处处离不开印刷，印刷品已经成为人类生存和发展的重要组成部分。

第二节　印刷术的发明与发展

【任务】了解印刷技术的发明与发展过程，并初步认识各种印刷方式。

【分析】印刷术的发明与发展，是一个漫长的过程。通过对印刷史的学习，了解印刷术的昨天、今天和明天，激发学习印刷的兴趣。

印刷的地位是非常重要的，印刷技术的发展道路又是漫长的。千百年来，人们发明创造了多种印刷技术，从雕刻木版印刷到活字印刷，从手工印刷到机械印刷，从凸版印刷到平版、凹版、丝网印刷，从传统的模拟印刷到数字印刷，印刷技术随着时代的发展而不断地进步。

一、印刷术的发明

我们现在阅读的书籍都是通过印刷这种方式复制的产品，但印刷术的产生绝不是一件简单的事情。在印刷术发明之前，人类的图文复制方式是手工抄写。我国古代用笔蘸墨把文字抄写在竹片、木板、丝帛等载体上，形成简策、版牍、帛书等书籍形态（如图1-2、图1-3、图1-4所示）；外国把文字抄写在莎草压片、羊皮、贝多罗树叶上，形成纸草书、羊皮书、贝叶经等书籍形态（如图1-5、图1-6、图1-7所示）。

图1-2 简策

图1-3 版牍

图1-4 帛书

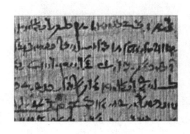

图1-5 纸草书

图1-6 羊皮书

图1-7 贝叶经

我国东汉的蔡伦总结前人造纸经验，扩大造纸原料来源，改进造纸技术，制造出了质地优良、适用廉价的植物纤维纸。植物纤维纸非常适合书写，从此，纸写书（如图1-8所示）逐渐取代了上述的非纸写书。

图1-8 纸写书

随着社会的发展和文化的进步，手工抄写的复制方式不仅费时费力，而且差错率高，无法满足社会对书籍的需求。在文字定型成熟，笔、墨、纸早已发明的条件下，人们迫切需要一种能够大量、快速、准确地复制图文的技术，来取代落后的手工抄写复制方式。于是，人类历史上最早的印刷术——雕版印刷术在我国应运而生。

（一）雕版印刷术

雕版印刷术的工艺过程是：把木板刨平，将写好字或画好图的透明薄纸，正面朝下贴在木板上，用刻刀将字形以外的版面刻凹，以雕刻出凸起的反写文字或线条（如图1-9所示）；在凸起的图文表面刷墨、铺纸，用毛刷轻轻刷拭，纸稍干后揭下，就是一张雕版印刷品。

图1-9　雕刻木板

图1-10　唐朝咸通本《金刚经》扉画

雕版印刷术产生于我国的隋唐时期，早期多用于印刷佛像、符咒、日历、文告等散页单张。公元八九世纪，雕版印刷术趋于成熟，被应用于大规模地印刷书籍。在甘肃敦煌石窟发现的唐代咸通9年(公元868年)雕版印刷的《金刚经》，是"世界上现存最早的有明确日期记载的印本书"、"世界上现存最早的有扉画的印本书"（如图1-10所示）。

宋、元、明、清以来，雕版印刷术得到了广泛应用，不仅各级官府主持大规模雕版印刷活动，而且有私家刻书和商业刻书；雕版印刷术不仅用来印刷图书，还用来印刷纸币和彩色图画（如图1-11、图1-12所示）。

做一做：根据上述雕版印刷术的工艺过程，以一块橡皮为版材，在上面雕刻"印"字，印刷一张小型雕版印刷品。

图1-11　北宋纸币印版拓片

图1-12　明朝印制的《十竹斋画谱》

（二）活字印刷术

1. 活字印刷术的发明

活字印刷术是我国劳动人民继雕版印刷术之后的又一伟大发明，毕昇在北宋庆历年间（公元 1041～1048 年）发明了泥活字印刷术（如图 1-13、图 1-14 所示）。

图 1-13　毕昇

图 1-14　泥活字

北宋毕昇发明泥活字印刷术之后，元代农学家王祯于 1298 年创造木活字 3 万多个，发明了轮转排字架（如图 1-15 所示），还将木活字印书经验记录进《农书》（如图 1-16 所示）；明朝用铜活字印刷了《宋诸臣奏议》；清代仍在用泥活字印书，有《泥版试印初编》等书传世。

图 1-15　元朝王祯发明的轮转排字架

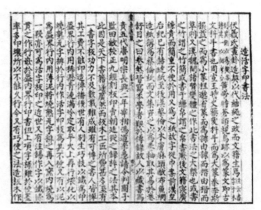

图 1-16　元朝王祯《农书·造活字印书法》

活字印刷术的工艺过程是：利用胶泥、木材或金属等材料，预先刻制或铸造大量的单个反体阳文活字，然后按照付印的稿件捡（拣）出所需活字，排成整版，在版上刷墨后进行印刷。一书印完后，版可拆散，单个活字用来再排其他书版，多次使用。与雕版印刷术相比，活字印刷术更经济、更方便。

活字印刷术的工艺流程为：拣字→排版→校对→印刷。

印刷概论

2．铅合金活字印刷术

1438～1450 年，德国人约翰·古腾堡创造了铅合金活字印刷术：①用铅、锑、锡合金做活字材料，易于成型，印刷性能好，可多次使用；②改进了铸字工艺，活字规格容易控制，便于批量生产；③使用脂肪性油墨，提高了油墨的印刷适性；④设计制成了简单的木制印刷机，成为后世印刷机的样本。古腾堡的创造与发明，奠定了现代印刷术的基础（如图 1-17、图 1-18、图 1-19 所示）。

图 1-17　约翰·古腾堡　图 1-18　古腾堡设计的木制印刷机　图 1-19　排铅合金活字版

二、印刷技术的发展

（一）印刷机性能不断改进

古腾堡设计制作的木制印刷机，虽然结构简单，但使印刷由传统的"刷印"改为"压印"，印刷术由此跃进了一大步。

1814 年，德国制成了以蒸汽为动力的印刷机。1845 年，德国制成了第一台快速印刷机，随后，轮转印刷机、双色快速印刷机、报纸轮转印刷机、多色轮转印刷机相继生产出来，到 20 世纪初，印刷工业的机械化进程基本完成。

进入 20 世纪中期，随着电子技术的飞速发展和计算机技术的广泛应用，多色、高速印刷机不断出现，印刷机的自动化、数字化程度不断提高。

（二）照相术在印刷中的应用

在照相术还没有发明的时候，复制图像的印版主要靠手工描绘或雕刻的方法制作，制版效率低，质量差，摹拟原稿的图像也不准确。1839 年照相术发明以后，人们将照相术应用于印刷当中，出现了照相制版方法，用于复制各种图像、图形和彩色原稿。

1．照相制版

人们曾经用雕版印刷术印制彩色印刷品，把原稿按不同颜色，分别雕刻若干块印版，叠印在同一张纸上，明朝印制的《十竹斋画谱》就是这样印制出来的。由于印制一幅彩色图画少则几十块印版，多则几百块印版，这种方法显然不适用于现代化生产。

在长期的实践中，人们对光和色有了深刻的认识，掌握了色彩分解和色彩合成的原理。人们已经知道，自然界的各种色光都可以用蓝、绿、红三种单色光按一定比例混合得到，自然界的各种颜色也可以用黄、品红、青三种色料按一定比例混合得到。因此，复制彩色原稿，首先要根据色彩分解的原理，将原稿的各种色调分解成蓝、绿、红三种单色光，用照相分色制版的方法分别制出黄、品红、青三块印版，再根据色彩合成的原理，在三块印版上涂覆黄、品红、青三色油墨进行套印，才能把彩色原稿的各种色调忠实地再现出来。由于黄、品红、青三色油墨中不可避免地含有一定量的杂质，叠印后并不能形成纯黑色，使得画面轮廓和色彩层次难以达到理想的效果，同时，用叠印的方法形成黑色文字也加大了套印的难度。为了提高印刷品色彩的反差，并解决文字印刷问题，目前我们多采用黄、品红、青加黑共四色版印刷。因此，要复制彩色原稿，首先要根据色彩分解原理对原稿进行照相分色。

照相制版就是利用制版照相机（见图1–20），通过分色、加网的方法，把原稿上的连续调彩色图像进行分解，制成黄、品红、青、黑四张网点单色片；再将四张网点单色片分别与印刷版材叠合起来晒版，得到黄、品红、青、黑四色印版，用于上机印刷。

图1–20　制版照相机

2．照相排版

铅活字版和铅版都是需要将铅合金加热熔化才能铸字排版，因此存在严重的铅污染问题。照相术发明以后，人们根据照相原理发明了照相排字机，利用照相的方法进行文字排版，称为照相排版技术。

照相排字机（见图1–21）也称手动照排机，是打字机和照相机的结合体。使用时，由排版人员按照原稿内容将照排机镜头逐一对准阴图字模版上相应的文字进行曝光，显影后就在感光胶片或相纸上排出了相应的文字版面。

图 1-21　手动照排机

照排技术与感光树脂版或平版胶印结合，用于书刊印刷，消除了铅印带来的铅污染公害。

（三） 新的印刷方式不断出现

活字版印刷术发明以后，人们对印刷材料、设备、工艺进行了大量研究，新的印刷方式和印刷版材不断出现。

1. 凸版印刷方式

（1） 铅版。在印刷过程中，人们发现铅活字版存在一些不足：①排一副版只能在一台机器上使用；②耐磨性不强，不能用于大批量印刷；③磨损后再版时需要重新拣字排版。为了解决这些问题，人们又发明了铅版。

铅版是先把文稿按要求排成铅活字版，再用专用纸覆盖在活字版上加压打制成笔画下凹的纸型，然后将纸型置于浇版机内，将铅合金熔化后浇在纸型上，铸成笔画凸起的印版（见图 1-22）。由于铅版是通过铅活字版等原版复制而成的，也称为凸版复制版。

铅版制版工艺流程为：拣字→排版→打样→校对→打纸型→浇铅版→电镀→印版。

采用铅版印刷工艺，一套铅活字版可根据需要制作多套纸型和铅版，便于多台印刷机同时印刷或异地印刷；纸型轻巧、便于保存再版；还可以通过弧形浇版机制成半圆形或圆形铅版，使原来只适用于平压平或圆压平印刷机印刷的活字版，变成可用于轮转机印刷的印版。

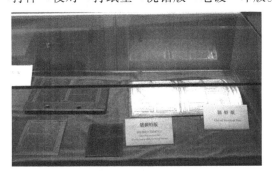

图 1-22　纸型和铅版

铅版印刷工艺曾主要用于书刊、报纸、杂志的印刷，但由于排版、制版工序多，时间长，且存在铅污染问题，随着计算机排版技术的发展和胶印工艺在书刊印刷中的广泛采用，铅活字版和铅版印刷工艺已被淘汰。

（2）铜锌版。活字版无法解决书刊、报纸等印刷品中的插图、照片等非文字稿件的制版印刷问题，因此，随着照相术在印刷中的应用，人们又发明了照相凸版制版工艺。由于照相凸版以铜锌金属作版材，所以照相凸版也称为铜锌版。

铜锌版指的是铜板和锌板，铜板比锌板结构细腻，因此，复制有浓淡变化、质量要求高的网线图像原稿，就用铜板作版材；复制质量要求不太高的线条原稿，就用锌板作版材。

制作铜锌版时先用照相的方法制得底片，再把底片覆盖在涂布有感光材料的铜版基或锌版基上进行曝光，使底片上的图像转移到铜版或锌版基上，见光部位的感光膜具有抗蚀性。在"烂版"工序，曝过光的感光材料保护铜版或锌版上的图文部分不被腐蚀，而空白部分的铜或锌被腐蚀掉一层，就形成了图文凸起的印版（见图1–23、图1–24）。

铜锌版制版工艺流程为：版材研磨→涂布感光液→晒版→显影→烤版→腐蚀→整版→打样→印版。

图1–23　铜版

图1–24　锌版

如果书刊、报纸等印刷品有插图、照片，可以用铅版解决文字部分的排版，将插图、照片制作成铜锌版，两者制好后再拼到一起（拼版）去印刷，以解决图文合一印刷的问题。

随着铅版的淘汰，铜锌版目前已很少使用，现在主要用于烫金、压凸工序。

（3）感光树脂版。感光树脂版分液体感光树脂版和固体感光树脂版两类，目前常用的是固体感光树脂版（如图1–25所示）。

图1–25　固体感光树脂版

感光树脂版经曝光后，见光部位发生光交联反应变为不溶性，未见光部位仍保持可溶性，经碱性显影液冲洗，未见光部位的树脂被除去，留下见光部位形成凸起的图文

印
刷
概
论

部分。

所以，固体感光树脂版的制版工艺流程为：

照相负片→曝光→显影→冲洗→干燥→印版。

感光树脂版与照相排版技术结合，形成了一套不用铅合金印版的冷排系统，在人类环保意识不断增强的情况下，为凸版印刷开辟了新的发展途径。

（4）柔性版。柔性版因其柔软有弹性而得名。由于最初版材质地较差，使用的油墨含有有毒的苯胺成分，因而发展缓慢。20世纪末，随着新型高弹性、高分辨率的高分子柔性版材的研制成功，不仅提高了制版速度，也使图像质量和印版耐印力有了很大提高。它用无毒的水性油墨取代有毒的苯胺油墨，更加符合环保要求，在商品包装方面得到了广泛应用，在报纸印刷方面也占有越来越大的比例。柔性版的制版、印刷工艺将在第三章、第四章介绍。

雕版、活字版、铅版、铜锌版、感光树脂版、柔性版等都是文字部分明显高于空白部分的印版，人们把这类印版称为凸版，把这种印刷方式称为凸版印刷。

2．平版印刷方式

（1）石版印刷术。1798年，德国人塞纳费尔德发现一种多孔结构的石灰石（见图1-26）对油脂具有很好的吸附性，在润湿的情况下，只有已经吸附油脂的地方接受油墨，其他被水润湿的部分不接受油墨，印刷时是空白。于是，他用石灰石作版材，把原稿上的图像用特制的脂肪性墨汁绘制在研磨平整的石版面上，制成印版的着墨部分，印刷时先用水润湿版面，再刷墨印刷。这样，就利用油、水相斥的原理，在同一平面上，形成了印刷的图文部分和非印刷的空白部分，人们把这种印刷称为平版印刷方式。石版印刷品如图1-27所示。

图1-26 石灰石

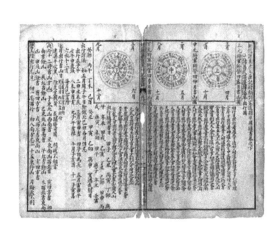

图1-27 石版印刷品

由于石版基来源少，搬运困难，1817年塞纳费尔德使用金属锌版基代替石版基。金属锌版轻而薄，可以大大减轻工人装版的劳动强度，而且金属锌版可以弯曲，能够用于圆压圆型印刷机，为以后应用于快速印刷机，提高印刷速度奠定了基础。

（2）胶印工艺。公元1904年，美国人威廉·鲁伯尔在使用平版印刷方式印刷时偶然发现，图像先转移到橡皮上再转印到纸张表面，比直接印到纸张表面更清晰。随后，他对平版印刷机进行了改进，发明了三滚筒平版印刷机，印刷机安装有印版滚筒、橡皮布滚筒和压印滚筒（见图1-28）。印版滚筒把图像转移到橡皮布滚筒上，再由橡皮布滚筒把图像转印到纸张表面，由于这种方法印制的产品墨层厚实平服、图文清晰、分辨率高，因而得到了迅速发展。

在这一印刷过程中，印版首先把图像转移到橡皮布（也称胶皮）上，再由橡皮布把图像转印到纸张表面，因而人们将这种平版印刷方式称为"胶印"。

由于平版印刷目前普遍采用胶印方式，因此日常所说的平版印刷，一般都是指胶印工艺，相应地，人们所说的平版印刷机，也都指的是胶印机。

图1-28　胶印滚筒

胶印印版有蛋白版、平凹版、预涂感光版（PS版）、多层金属版等。蛋白版耐印力差，早已淘汰；平凹版曾是胶印中使用最广的一种版材，现已被PS版取代；PS版也称预涂感光版，是目前印刷厂应用最为广泛的感光版，PS版的制版工艺将在第三章中介绍。

多层金属版是在铁板上分别电镀上亲油性好的铜层和亲水性好的铬层，经过晒版、腐蚀，将图文部分的铬层腐蚀掉，暴露出亲油性好的铜层，空白部分仍是亲水性好的铬层。铜层吸附油墨，铬层吸附水分，完成印刷过程。多层金属版耐印力很好，印刷品墨色鲜艳、层次丰富、色调再现性好，但价格较高。

（3）无水胶印工艺。胶印必须用润版液润湿印版的空白部分，但水的使用会引起油墨乳化、纸张变形、套印不准，所以，在印刷中不使用水是人们的期望。1970年美国3M公司发明了无水胶印，成为印刷技术发展史上一个新的里程碑。

无水胶印版以铝板为版基，上面涂布重氮感光层，再在重氮感光层上设置硅质胶层，硅质胶层不用润湿，就有很强的拒墨性。用阴图原版曝光，经显影处理，曝过光的感光膜发生光化学反应而溶于显影液，其上面的硅质胶层也一起被除去，暴露出来的金属版基成为印版的图文部分，留在印版上的硅质胶层构成印版的空白部分。

3．凹版印刷方式

（1）雕刻凹版。人们用各种刻刀在铜制滚筒上刻出凹下的线条或图案作为印版，这种印版的图文部分是凹下去的，低于印版的空白部分，人们称之为凹版。印刷时整个版面都与输墨装置接触，但在着墨后利用刮墨刀刮去版面上凸起的空白部分的油墨，仅在凹下的图文部分留下油墨。凹版上印刷部分凹陷的深度越深，填墨量就越多，印刷后转移到印刷品上的墨层就越厚，而印刷部分凹陷的深度浅，填墨量就少，转印到印刷品的墨层就薄，墨层厚的部位，就显得图像浓暗，墨层薄的部位，就显得明亮，从而可以通过墨层的厚薄来表现图像的深浅。由于凹印的墨层一般比较厚，因此，凹版印刷品摸上去有微微凸起的感觉。

（2）照相凹版。人们用照相制版方法制作凹版，产生了照相凹版。它是用连续调阳图胶片和凹印网屏，经过晒版、碳素纸转移、腐蚀等过程制成的。照相凹版已经被淘汰。

（3）电子雕刻凹版。随着计算机技术在凹版制作中的应用，出现了电子雕刻凹版。电子雕刻凹版的制版、印刷工艺将在第三章、第四章介绍。

4．孔版印刷方式

丝网版、誊写版、镂空版等都是孔版印刷方式。印版图文是由大小不同的孔洞组成，印刷时，在压力的作用下，油墨通过孔洞，印到承印物上。过去采用油印的方法印制文字材料，使用的就是誊写版，现已被办公自动化取代。由于丝网版不受承印物大小和形状的限制，因此具有很大的灵活性和广泛适用性。丝网版的制版、印刷工艺将在第三章、第四章介绍。

（四）计算机技术在印刷中的应用

计算机技术在印刷中的应用，使得各种设备功能更强，制版、印刷工艺更加简化，印刷质量更高，印刷技术因此发生了根本性的变化。

1．电子分色

人们用照相制版的方法对彩色原稿进行分色加网，工艺复杂，技术要求高，制版时间长。1937年，美国柯达公司的技术人员将计算机技术用于彩色原稿的分色，发明了世界上第一台电子分色机，随后，英国和德国又分别推出了功能更多的电子分色机（见图1-29）。

电子分色机的分色操作过程是：将原稿安装到扫描滚筒上，利用扫描光学系统对原稿的每一点像素进行扫描，经光电转换将彩色原稿上各色的密度经反射或折射光学系统，形成黄、品红、青、黑四色光讯号，再转换成相应的电信号；通过计算机对转换的电信号进行各种处理，以达到印刷的要求；最后将经过修正的符合印刷要求的电信号还原成与原稿扫描像素相对应的光信号，在感光软片上曝光制成分色片。见图1-30。

图1-29　电子分色机

图1-30　电子分色机操作

电子分色工艺流程是：原稿→电子分色→分色正片或分色负片。

电子分色机通过电子扫描分色方式和电子加网，可同时制得四张分色底片，质量高，速度快，又能降低制作成本。因此，电子分色工艺很快取代了照相制版工艺。

随着计算机技术的进一步发展，目前电子分色工艺已被更先进的计算机图像处理技术取代。

2. 激光照排系统

手动照排机速度慢，自动化程度低，20世纪70年代初期，英国蒙纳公司将计算机技术和激光技术引入照相排版，首先研制成了激光照排系统，用于西文排版，但是功能并不完善。以王选（见图1-31）为代表的我国科技工作者于1979年开创性地研制出了汉字激光照排系统：华光电子排版系统，该技术为新闻、出版全过程的计算机化奠定了基础，引起了我国报业和印刷业一场"告别铅与火、迈入光与电"的技术革命，使我国沿用了上百年的铅字印刷得到了彻底改造，被誉为"汉字印刷术的第二次发明"。20多年来，王选领导开发的华光和方正电子排版系统广泛应用于书刊、报纸印刷，占有国内报业99%和书刊（黑白）出版业90%的市场，以及80%的海外华文报业市场，创造了巨大的经济效益和社会效益。

激光照排系统由计算机输入设备、输出设备和相关排版软件、发排软件及各种字库组成，激光照排机（图1-32）是主要的输出设备。激光照排系统的工作原理是：通过计算机输入设备，将图像文字信息输入到计算机中进行编辑、排版处理；输出校样进行校对修改；激光照排机将经校对无误的图文信息文件转换成激光信号，控制激光管发出激光束，投射到感光胶片上，使胶片曝光成像，把图文内容精确地记录在感光片上；经显影生成黑白胶片，供晒版使用。

激光照排工艺流程是：原稿录入→排版编辑→校对→输出胶片。

图1-31　王选

图1-32　激光照排机

3. CTP 技术

在印刷领域中，CTP 包含以下4种含义：

（1）Computer to Plate：从计算机直接到印版，即人们经常说的"脱机直接制版"，是一种使用数字技术和设备将图像文字信息直接复制在印刷版材上，无须其他中介环节的制版技术。计算机控制激光直接在印刷版材上扫描成像，然后通过显影、定影等工序制成印版。这一技术免去了胶片这一中间媒介，减少了中间过程的质量损失和材料消耗；省去了胶片成像、拼版、晒版等工艺过程，可以提高制版速度，降低制版成本，能显著提高印版图文成像质量，实现制版过程的数字化、自动化。

（2）Computer to Press：从计算机直接到印刷机，即人们经常说的"在机直接制版"。它是通过计算机控制的激光束，将图文信息直接输出到装在印刷机滚筒上的印版上，然后就开机印刷。

（3）Computer to Paper：从计算机直接到纸张或承印品。它是利用计算机技术对文件、资料等图文信息进行处理，然后通过数字印刷机（见图1-33）将油墨或色料直接转移到承印物表面。在把数字文件转换成印刷品的过程中，图文影像的形成是数字式的，没有任何模拟过程，这是真正意义上的数字印刷。

图1-33　数字印刷机

（4）Computer to Proof：从计算机直接得到样张，即数字打样。数字打样是印前领域在数据化控制过程中的一个重要环节，它的目的是检验印品质量以及客户对印刷效果的确认程度。由于价格低、效率高，数字打样正在逐步取代传统模拟打样。

一般情况下，CTP技术更多的是指计算机直接制版（Computer to Plate）技术。

计算机直接制版技术主要用于胶印。它的工作流程是：数字印前系统对输入的文字、图像信息进行处理，形成图像文字混排的版面信息数字文件；用打样机进行预打样，供校对使用；校对修改后的图文数据经光栅图文处理器（RIP）进行栅格处理，形成黄、品红、青、黑四色位图文件；印前系统将位图文件传输至激光扫描输出系统，由其准确控制图文数据在CTP版材上的位置并扫描曝光成像，再经冲洗处理（有些CTP版材不需此项），即可制得CTP印版。

计算机直接制版技术也可以用于凸版和凹版制版。

把计算机组合的版面信息经过组版处理，以数字化的形式传递到柔性版直接制版机上，即可制得柔性版。

把计算机组合的版面信息经过组版处理，以数字化的形式传递到电子雕刻机上（见图1-34）进行雕刻，即可制得电子雕刻凹版（见图1-35）。

图1-34　电子雕刻机

图1-35　雕刻凹版产品

三、印刷技术的发展趋势

印刷技术总的发展趋势是：数字化、网络化、多样化。

（一）数字化

1. 胶印机、凹印机、柔印机等印刷设备及印后设备的自动化、智能化、数字化控制水平将进一步提高，应用范围不断扩大，操作更加简捷、方便。

2. 工艺流程的数字化和一体化，提供了从创意设计、印前处理、印刷、印后加工到直接发送给用户的全套的高效优质服务，将成为印刷技术发展的一个重要趋势。

（二）网络化

印刷生产过程由印前、印刷和印后三个基本环节构成，每个环节又由不同的操作步骤构成。在传统的生产方式中，这些生产环节、生产步骤是相互独立的，网络使它们形成了一个无缝连接的完整系统，从而极大地提高生产效率，减少浪费。

网络技术与印刷技术结合，使得远程校对、远程预审、远程签样成为可能。使得数据存储、版面设计制作、输出与印刷都可能在异地进行。互联网对印刷业的全球化进程起着不可估量的推动作用。

（三）多样化

印刷市场的需求是多种多样的，有些需求是传统印刷方式能够满足，而数字印刷无法满足的；也有些需求是数字印刷能满足，而传统印刷却无法满足的。未来一段时间将处在多种印刷技术共同存在、相互竞争的时代，包含胶印、柔印、凹印和丝网印刷在内的传统印刷与数字印刷将互相配合、互相补充，以满足书刊印刷、票据印刷、防伪印刷、商业印刷、包装印刷等多样化的需求。

21世纪是信息化的世纪，古老的印刷技术必将焕发全新的活力，新一代印刷工作者一定会大有作为。

习 题

1. 说说你每天要接触到的印刷品。
2. 简述印刷的重要性。
3. 简述雕版印刷术的工艺过程。
4. 简述活字印刷术的工艺过程。
5. 除了雕版和活字版，凸版印刷方式还包括哪些印版类型？
6. 简述照相术在印刷中的应用形式。
7. 为什么三滚筒平版印刷方式被称为"胶印"？
8. 简述计算机技术在印刷中的应用形式。
9. 在印刷领域中，CTP 包含哪 4 种含义？
10. 简述印刷技术的发展趋势。

第二章

认 识 印 刷

应知要点：

1. 掌握印刷的定义。

2. 了解印刷的过程。

3. 认识印刷五要素。

应会要点：

1. 了解广义上的印刷过程和狭义上的印刷过程之间的不同。

2. 掌握按印版分类的方法。

3. 了解各种印刷方式的特点和应用领域。

第一节　印刷过程

【任务】了解印刷过程，掌握印刷的定义。了解印刷的分类方法，掌握按印版分类。

【分析】分析各种印刷术的共同点，总结出能涵盖所有印刷术的定义，通过印刷分类方法的学习，认识各种印刷方式。

一、印刷的定义

在第一章，我们已经初步认识了凸版印刷、平版印刷、凹版印刷等多种印刷方式，下面是凸版印刷、平版印刷工艺过程的示意图（见图2-1至图2-6），请同学们认真观察，总结一下，它们有什么共同的特点。

（一）凸版（柔性版）印刷

凸版（柔性版）印刷的制版、印刷示意图如图2-1、图2-2、图2-3所示。

图2-1 制作柔性版

图2-2 将印版装上柔印机

图2-3 开机印刷获得批量复制的印刷品

(二) 平版 (胶印) 印刷

平版 (胶印) 印刷的制版、印刷示意图如图2-4、图2-5、图2-6所示。

可以看出，这两种印刷方式，都具有如下特点：①都需要制作印版；②都是将图文信息转移到承印物表面以获得批量复制的印刷品。

实际上，不论是凸版印刷、平版印刷，还是凹版印刷、丝网印刷，它们都具有以上共同的特点。所以，人们曾经把印刷定义为：印刷是使用印版将原稿上的图文信息转移到承印物表面以获得批量复制的印刷品的工艺技术。

图2-4 制作印版

图2-5 将印版装上胶印机

近十几年来，数字技术在印刷领域的应用，不仅使印刷工艺发生了革命性的变化，也改变了印刷的传统定义，使得印刷技术有了传统印刷与数字印刷之分。

传统印刷是将原稿上的图文信息转制到印版上，印版吸附油墨后，在印刷压力作用下将油墨转移到承印物表面而得到印刷品的印刷过程，传统印刷必须使用印版。

数字印刷则是利用数字技术对原稿上的图文信息进行处理，然后通过数字印刷机将油墨或色料直接转移到承印物表面而得到印刷品的印刷过程，数字印刷过程是直接把数字文件转换成印刷品的过程，在这个过程中，图文影像的形成是数字式的，不需要印版和压力。

目前是传统印刷与数字印刷并存。因此，根据印刷工艺技术的发展现状，国家标准（GB 9851.1—90）《印刷技术术语——基本术语》将印刷定义为：印刷是使用印版或其他方式将原稿上的图文信息转移到承印物上的工艺技术。

由于目前还是以传统印刷为主，因此以下所讲的印刷如不特别指出，都是指传统印刷。

二、印刷过程

从上述印刷示意图可以看出，无论采用哪种印刷工艺，其印刷过程都可以描述为：人们首先将适合印刷复制要求的图文原稿通过一定方法制成印版，再通过一定的机械设备在印版上涂布油墨，经加压使油墨转移到各种承印物表面，最后通过机械或手工方法对印好的半成品进行印后加工，从而制成印刷成品。

简单的说，就是：制版→印刷→印后加工。

随着计算机技术在制版工艺中的应用，照相制版技术已逐渐被计算机图文信息处理技术所取代。计算机图文信息处理技术不仅可以很简便地完成过去照相制版过程中的文字排版、照相分色、色彩校正、拼版等一系列复杂工序，而且增加了图文合一、整页拼版、创意设计、直接制版等很多功能，大大改变了以前制版工艺的内涵，我们现在将其称为印前处理。

所以，印刷的主要工艺流程是：印前处理→印刷→印后加工。

上面一行文字出现了两个"印刷"，可以看出，两个"印刷"的含义是不同的。这是因为在实际使用中，印刷有两种含义：

广义上的印刷是印前处理（依照原稿使用各种技术方法制成印版）、印刷（印版上的图文信息被转移到承印物表面）、印后加工（将印刷产品按照所要求的形状和使用性能进行加工）的总称，因此，广义上的印刷是指印前、印刷、印后加工三大工序的全过程。

在印刷企业内部，人们所讲的印刷则是指广义印刷中印前处理、印刷、印后加工三大工序过程中的印刷工序，我们称之为狭义上的印刷。这种狭义上的印刷仅指印刷机的印刷过程，即印刷机的给纸、印刷和收纸的过程，不包括印前处理和印后加工工序。

从第三章开始，我们将按照印前处理、印刷、印后加工的顺序介绍目前正在应用的各种印刷工艺。

三、印刷的分类

随着科学技术的不断发展，印刷技术也在不断发展，新工艺、新技术不断出现，分类方法也逐渐增加。目前各种印刷方法可按以下几种方式分类：

（一）按印版特征分类

1. 凸版印刷

印版的图文部分是凸起的，明显高于空白部分。当给印版上凸起的图文部分涂覆油墨时，凹下的空白部分不沾油墨，经复纸，施加压力后，印版图文上的油墨就转印到纸张上（见图2-7）。目前使用较多的是感光树脂版和柔性版印刷，主要用于包装、商标和报纸印刷。

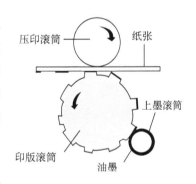

图2-7　凸版印刷示意图

2. 平版印刷

印版的图文部分与空白部分几乎处于同一平面上。利用油墨、水相斥的原理，通过对版材进行技术处理，使空白部分亲水斥油而不吸附油墨，图文部分亲油疏水而吸附油墨。平版印刷现在主要是采用胶印工艺，印刷时印版图文部分吸附的油墨先印在橡皮布滚筒上，再转印到承印物上（见图2-8）。平版胶印可用于书刊、画册、报纸、包装、商标广告等各种印刷。

3. 凹版印刷

印版的图文部分是凹下的，低于印版的空白部分。印刷时，给印版涂覆油墨，再用刮刀将版面（空白部分）上的油墨刮净，施加压力后，印版图文上的油墨就吸附到纸张上或承印物表面（见图2-9）。目前使用较多的是电子雕刻凹版印刷，主要用于画册、包装、有价证券、塑料印刷。

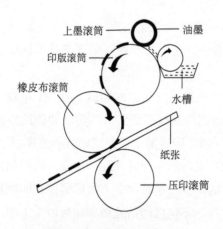

图 2-8 平版印刷示意图

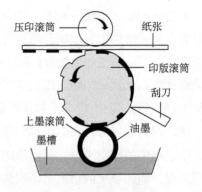

图 2-9 凹版印刷示意图

4. 孔版印刷

印版的图文部分是由大小不同或大小相同但数量不等的孔洞或网眼组成；印版上空白部分的网孔被堵死，不能透过油墨。印刷时，在压力的作用下，油墨通过孔洞或网眼印到承印物上（见图 2-10）。目前使用较多的是丝网版印刷，主要用于包装材料、商标广告、纺织品、印刷线路板、电器外壳、汽车仪表盘印刷。

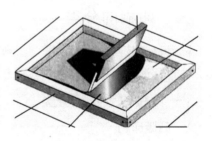

图 2-10 孔版印刷示意图

（二）按印刷的墨色多少分类

1. 单色印刷

单色印刷指一个印刷过程中，只在承印物表面印刷一种墨色，见图 2-11（a）。一个印刷过程是指在印刷机上完成一次输纸和收纸过程，完成单色印刷的设备称为单色印刷机。

我们印刷一些单色印刷品如书刊内文、传单等，需要使用单色印刷机。

2. 多色印刷

多色印刷指一个印刷过程中，在承印物表面印刷两种或两种以上墨色，见图 2-11（b）、（c）。

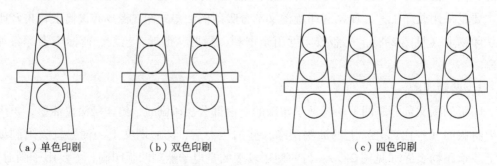

（a）单色印刷　　　（b）双色印刷　　　　　（c）四色印刷

图 2-11 单色、多色印刷示意图

印刷概论

在一个印刷过程中，能够在承印物上印刷两种或两种以上墨色的印刷机称为多色印刷机。常见的有双色印刷机、四色印刷机、六色印刷机等。

当印刷彩色印刷品时，使用多色印刷机既有利于保证套印质量，也可以提高生产效率。

（三）按油墨转移到承印物表面的方式分类

1．直接印刷

直接印刷指印版上图文部分的油墨直接转移到承印物表面的印刷方式。凸版印刷、凹版印刷、丝网印刷都是采用直接印刷方式。

对于采用这种印刷方式的凸版、凹版来讲，印版上的图文必须是反的，这样转印到承印物表面的图文才是正的。

想一想：为什么采用直接印刷方式的凸版、凹版上的图文必须是反的？同样是采用直接印刷方式，丝网版上的图文是正的还是反的？

2．间接印刷

间接印刷指印版上图文部分的油墨，经中间载体的传递，转移到承印物表面的印刷方式。这种印刷方式中，印版上的图文和转印到承印物表面的图文都是正的。

平版印刷中的胶印采用的就是间接印刷方式，印版的图文部分吸附的油墨先印在橡皮布滚筒上，再转印到承印物表面，印版与承印物不直接接触。

想一想：为什么胶印印版上的图文是正的？

3．无压印刷

无压印刷指油墨或色料不借助压力而转移到承印物表面的印刷方式。数字印刷中的喷墨成像技术采用的就是无压印刷方式。

（四）按印刷品的用途分类

1．书刊印刷

书刊印刷指以各类书籍、期刊杂志等为主要产品的印刷。书刊印刷品如图 2-12 所示。

2．报纸印刷

报纸印刷指以报纸等信息媒介为产品的印刷。

3．广告印刷

广告印刷指以各类商品广告、海报、招贴画等为主要产品的印刷。

4．包装印刷

包装印刷指以各种包装材料为主要产品的印刷。包装印刷品如图 2-13 所示。

5．证券印刷

证券印刷指以纸币、债券、股票等为印刷对象，具备防伪措施的印刷。

图 2-12　书刊印刷品　　　　　　　　　　图 2-13　包装印刷品

第二节　印刷要素

【任务】认识印刷五要素。

【分析】印刷五要素是印刷的基础，认识并掌握印刷五要素及其作用。

　　想一想：要把一个作品（一本书或一张照片或一个包装品设计初稿）制成印刷品，我们需要准备些什么？

　　从图 2-14 至图 2-18 中可以看到，要获得所需要的印刷品，必须有被复制的图像文字原稿，有承载图文信息的印版和油墨，有接受油墨的承印物和实施印刷必需的机械设备。

　　所以，常规的印刷必须具备原稿、印版、印刷油墨、承印物、印刷机械五大要素，才能进行印刷。

图 2-14　选择作品稿件　　　　图 2-15　制作印版　　　　图 2-16　准备纸张（承印物）

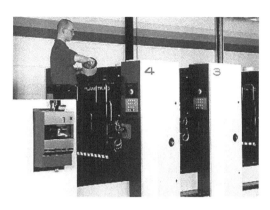

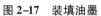

图 2–17　装填油墨

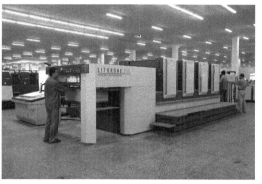

图 2–18　将印版装在印刷机上开始印刷

一、原稿

原稿指制版所依据的实物或载体上的图文信息，是印刷复制的原样和客观依据。原稿分为文字原稿、图像原稿、实物原稿。

（一）文字原稿

文字原稿分为手写稿（见图 2–19）、打印稿（见图 2–20）等。文字原稿上的字形要正确，字迹要清楚、醒目、浓黑。

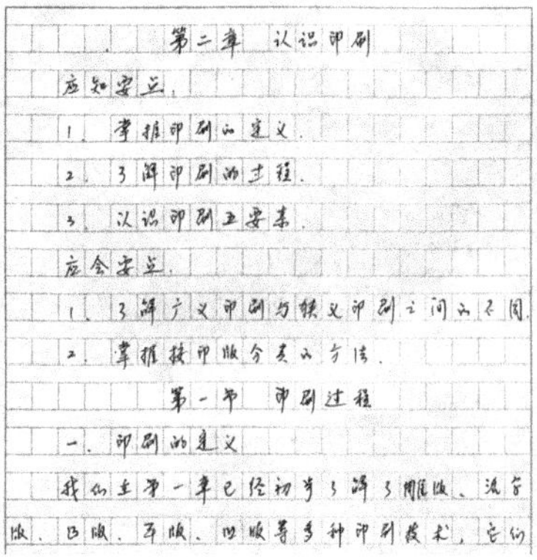

第二章 认识印刷
应知要点：
1. 掌握印刷的定义.
2. 了解印刷的过程.
3. 认识印刷五要素.
应会要点.
1. 了解广义印刷与狭义印刷之间的不同.
2. 掌握按印版分类的方法.
第一节 印刷过程
一、印刷的定义
我们在第一章已经初步了解了雕版、活字版、凸版、平版、凹版等多种印刷技术，它们

图 2–19　手写稿

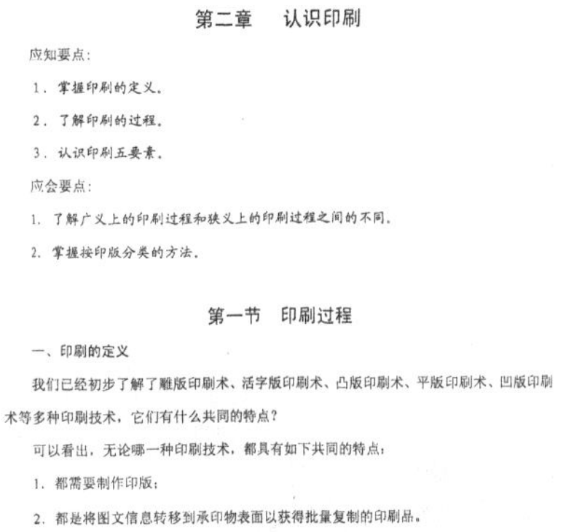

第二章　认识印刷

应知要点：

1．掌握印刷的定义。

2．了解印刷的过程。

3．认识印刷五要素。

应会要点：

1．了解广义上的印刷过程和狭义上的印刷过程之间的不同。

2．掌握按印版分类的方法。

第一节　印刷过程

一、印刷的定义

我们已经初步了解了雕版印刷术、活字版印刷术、凸版印刷术、平版印刷术、凹版印刷术等多种印刷技术，它们有什么共同的特点？

可以看出，无论哪一种印刷技术，都具有如下共同的特点：

1．都需要制作印版；

2．都是将图文信息转移到承印物表面以获得批量复制的印刷品。

图 2–20　打印稿

（二）图像原稿

图像原稿分为绘画原稿和照相原稿等。

1．绘画原稿

绘画原稿中有线条原稿和连续调原稿。由黑白或彩色线条组成图文的原稿叫线条原稿，这一类原稿有手书文字、美术字、图表、钢笔画、木刻画、版画、地图等（见图 2–21）。画面上从高光到暗调部分的浓淡层次是连续渐变形式的原稿，叫做连续调原稿，这一类原稿有水彩画、水粉画、油画、国画、年画等（见图 2–22）。

图 2-21　线条原稿

图 2-22　连续调原稿

2．照相原稿

照相原稿由照相机拍摄而成，分为透射原稿和反射原稿。透射原稿是以透明材料为图文信息载体的原稿，如彩色反转片、底片（见图 2-23）；反射原稿是以不透明材料为图文信息载体的原稿，如照片（见图 2-24）；它们又都有黑白稿与彩色稿之分。

图 2-23　透射原稿

图 2-24　反射原稿

（三）实物原稿

实物原稿指以实物作为制版依据的原稿，现今均将实物拍摄成照相原稿再进行制版。

由于原稿是印刷的依据，所以原稿质量的好坏，直接影响印刷成品的质量。出版社编辑一般都要根据印刷工艺和产品质量要求对原稿进行装帧设计。

二、印版

印版是用于传递油墨至承印物上的印刷图文载体。将原稿上的图文信息制作在印版上，印版上便有了图文部分和非图文部分。印版上的图文部分是着墨的部分，所以又叫做印刷部分，印版上的非图文部分在印刷过程中不附着或不通过油墨，所以又叫做空白部分。根据印版特征的不同，可分为凸版、平版、凹版和孔版等。

（一）凸版

凸版是一种图文部分凸起且在同一平面上，明显高于非图文部分的印版（见图2-25）。活字版、铅版、铜锌版、感光树脂版、柔性版等都属于凸版，目前使用较多的是感光树脂版和柔性版。

（二）平版

平版是一种图文部分与非图文部分几乎处于同一平面，根据油、水不相混溶的原理实现印刷的印版（见图2-26）。石版、平凹版、PS版（又称预涂感光版）、CTP版等都属于平版，目前使用较多的是PS版和CTP版。

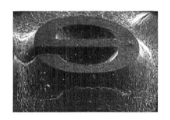  

图2-25　凸版（局部）　　　图2-26　平版（局部）　　　图2-27　凹版（局部）

（三）凹版

凹版是一种图文部分凹下，非图文部分凸起且在同一平面上，图文部分明显低于非图文部分的印版（见图2-27）。有照相凹版、雕刻凹版、电子雕刻凹版等；目前使用较多的是电子雕刻凹版。

（四）孔版

孔版是一种图文部分是通透的，非图文部分是封闭的，图文部分由大小不同的孔洞或大小相同但数量不等的网眼组成，可透过油墨的印版（见图2-28）。丝网版、誊写版、镂空版等都属于孔版，目前使用较多的是丝网版。

图2-28　丝网版（局部）

仔细观察： 图2-25～图2-28中哪些印版上的文字是正的？哪些是反的？为什么？

三、承印物

承印物是能接受印刷油墨或吸附色料并呈现图文的各种物质。传统印刷使用最多的承印物是纸张。

纸张一般由植物纤维、填料、胶料、色料等组成，其中，植物纤维是纸张的基本成分，决定纸张的主要性质；填料用来填充植物纤维间的空隙，使纸张表面平滑，同时提高纸张的白度和不透明度；胶料用来涂布在植物纤维的表面或填充在植物纤维和填料的空隙，提高纸张的抗水性；色料用来校正或改变纸张的颜色，以保证不同生产批次的纸张具有相同或相近的色度以及使纸张适用于不同的用途。

有些纸张由植物纤维、填料、胶料、色料组成，有些纸张只含有其中两种或三种组分，根据原料组成的不同及各组分比例的不同，纸张有很多种类，各种纸张的性能也不同。

常用的印刷纸张有：新闻纸、凸版纸、胶版纸、涂料纸、书写纸、画报纸、字典纸、书皮纸、白卡纸等。

随着印刷范围不断扩大，现在使用的承印物不仅仅是纸张，也包括其他材料，如纤维织物、塑料、木材、金属、玻璃、陶瓷等。

四、印刷油墨

印刷油墨（见图2-29）是在印刷过程中被转移到承印物上的成像物质。

印刷油墨由颜料、填充料与助剂均匀地分散在连结料中而成。其中，颜料是油墨中的固体成分，起到呈色作用；连结料是油墨中的液体成分，作为颜料的载体以便将其转移并固着在承印物表面；填充料和助剂用来调整和改善油墨的印刷适性，以获得更好的印刷质量。

图2-29　印刷油墨

油墨按印刷版型分类有凸版油墨、平版油墨、凹版油墨、网孔版油墨、专用油墨、特种油墨等；按油墨的干燥机理分类有渗透固着型油墨、氧化结膜型油墨、挥发干燥型油墨、紫外光固化型油墨等。各类油墨中又有黑墨及各种彩色油墨之分。

五、印刷机械

印刷机是将印版上的图文信息转移到承印物表面的机械设备。

（一）印刷机的结构

各类印刷机都由输纸、输墨、压印和收纸等主要装置组成。平版胶印机除有上述主要装置外，还有输水装置。

（1）输纸装置。保证将纸张准确、按时送入印刷机构的装置。

（2）输墨装置。稳定、均匀地提供给印版所需要墨量的装置。

（3）印刷装置。是通过施加压力将油墨从印版转移到承印物表面的重要装置。

（4）收纸装置。确保完成印刷的印张整齐、完好地收取的装置。

（5）输水装置。保证胶印印版上空白部分获得均匀、定量的润版液的装置（胶印机有）。

（二）印刷机的类型

印刷机种类繁多，有多种分类方法，主要有以下几种分类方法。

1. 按照印版类型的不同分类

可分为凸版印刷机、平版印刷机、凹版印刷机、孔版印刷机、特种印刷机等（见图2-30～图2-34）。不同类型的印刷机，需要使用不同类型的印版。

图2-30　凸版印刷机（柔性版印刷机）

图2-32　凹版印刷机

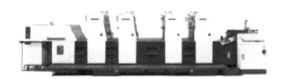

图2-31　平版印刷机（胶印机）

图2-33　丝网印刷机

图2-34　卷筒纸商业票据印刷机

2. 按照压印机构的不同分类

印刷机可分为平压平型印刷机、圆压平型印刷机、圆压圆型印刷机。

古腾堡设计制作的木制印刷机属于平压平型印刷机，即印版和压印机构均呈平面型（见图2-35）。印刷时，先在印版表面上墨，将纸张放置到印版上，然后压印平板向下运动，施加一定压力使纸张与印版全面接触，将印版图文部分的油墨转移到纸张表面。印刷面积越大，需要施加的压力越大，由于印刷机可施加的压力受多种因素的限制，不可能很大，因此平压平型印刷机的印刷幅面较小。

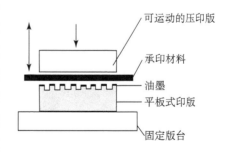

图2-35　平压平型示意图

可运动的压版
承印材料
油墨
平板式印版
固定版台

随着印刷工艺的改进及新版材的应用，后来又出现了圆压平型印刷机（印版呈平面型，压印机构呈圆型，见图2-36）和圆压圆型印刷机（印版和压印机构均呈圆型，见图2-37）。

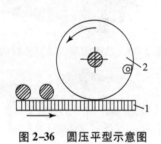

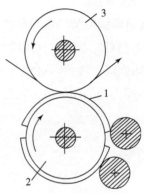

图 2-36　圆压平型示意图

1—印版；2—压印滚筒

图 2-37　圆压圆型示意图

1—印版；2—印版滚筒；3—压印滚筒

圆压平型印刷机在印刷时是印版版台相对于压印滚筒做往复运动，压印滚筒一般在固定位置上，带着纸张边旋转边压印，印刷时施加的压力较小。圆压平型印刷机的印刷幅面较大，印刷速度也有较大提高，但由于版台往复运动，印刷速度的提高受到限制，生产效率不高。

圆压圆型印刷机在印刷时，压印滚筒带着纸张，相对于印版滚筒以相反的方向边旋转边压印，由于压印滚筒和印版滚筒接触的面积小，只要施加很小的压力就可以得到理想的印刷效果。由于滚筒旋转时不必改变运转速度和方向，因此印刷速度快，运行平稳。

现在使用的各类印刷机主要采用圆压圆型结构。

3. 按照纸张型式的不同分类

印刷机可分为平板纸印刷机（单张纸印刷机）、卷筒纸印刷机（见图2-38、图2-39）。印刷纸张有平板纸（单张纸）和卷筒纸两种型式，单张纸印刷机是以单张纸或其他单张材料为承印物进行印刷的机器，多用于印刷书刊、画册、包装产品等；卷筒纸印刷机是以卷筒纸或其他卷筒材料为承印物进行印刷的机器，多用于印刷报纸、杂志、书刊内文等。

图 2-38　平板纸胶印机（单张纸胶印机）

图2-39　卷筒纸胶印机

4．按照印刷色数的不同分类

印刷机可分为单色印刷机、双色印刷机、四色印刷机等（见图2-40、图2-41、图2-38）。单色印刷机在一个印刷过程中，只能在承印物上印刷一种墨色，多色印刷机在一个印刷过程中，可以在承印物上印刷两种或两种以上墨色。

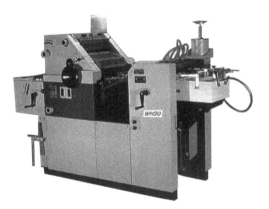

图2-40　单色胶印机

图2-41　双色胶印机

5．按照印刷面数的不同分类

印刷机可分为单面印刷机、双面印刷机。单面印刷机（见图2-40、图2-41）是在一个印刷过程中，仅能在承印物的一面进行印刷的印刷机，双面印刷机是用两块不同的印版，可以在同一承印物上同时完成正面和反面单色印刷的印刷机（见图2-42），或者用两块以上的印版，在同一承印物上同时完成正面和反面多色印刷的印刷机（见图2-43）。

书刊内文多为单色，且需两面印刷，使用双面单色印刷机印刷非常方便。

6．按照印刷幅面的不同分类

印刷机可分为八开印刷机、四开印刷机、对开印刷机、全张印刷机、双全张印刷机等。

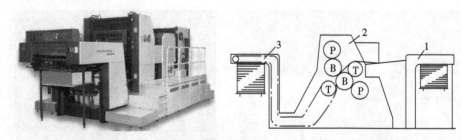

图 2-42 双面胶印机（双面单色）及其结构示意图

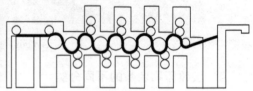

图 2-43 双面胶印机（双面四色）及其结构示意图

习　题

1. 国家标准（GB 9851.1—90）《印刷技术术语——基本术语》中的印刷定义和曾经的印刷定义有什么不同？为什么？

2. 国家标准（GB 9851.1—90）《印刷技术术语——基本术语》中的印刷定义指的是广义的印刷还是狭义的印刷？

3. 叙述印刷过程。

4. 观察各种印版上文字的方向，为什么不同印版的文字方向有所不同？

5. 比较柔性版、PS版、四版以及丝网版的版面特征。

6. 报纸可以用哪些印刷方式印刷，包装产品可以用哪些印刷方式印刷？

7. 纸张一般由哪些组分组成？常用的印刷纸张有哪几类？

8. 油墨一般由哪些组分组成？按油墨的干燥机理分类有哪几类？

9. 单色机能不能印多色印刷品？四色机能不能印单色印刷品？

10. 传统印刷和数字印刷有什么不同？

第三章

印 前 处 理

应知要点：

1. 了解印前处理工艺流程。

2. 了解文字信息处理、图像信息处理工艺流程。

3. 了解几种常用印版的制作方法。

应会要点：

1. 熟悉几种常用排版软件和图像处理软件。

2. 会选择文字输入方法和排版方式。

3. 熟悉图像处理基本内容和方法。

4. 会选择图文输出方式和输出材料。

在印刷复制的开始阶段，客户会提供原稿，印刷厂的任务就是将原稿上的图文信息复制成印刷品，但是原稿是不能直接用来印刷的，只有把原稿上的图文信息制成印版才能上机印刷，因此，印前处理部门需要做的工作就是对原稿上的图文信息进行处理并制成印版。

我们先来了解一下印前处理工艺流程，如图 3-1 所示。

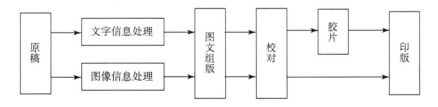

图 3-1　印前处理工艺流程示意图

如果客户提供的原稿是文字类原稿，比如书稿，我们可以对其进行文字信息处理；如果客户提供的原稿是图像类原稿，比如画稿、照片，我们可以对其进行图像信息处理；如果客户提供的原稿既有文字，又有图像，我们就将图像和文字分别处理，最后组合在一起。

所以，印前工艺的任务就是在印刷之前对原稿上的图文信息进行处理，再将其转移到胶片或印版上。

第一节　文字信息处理

【任务】掌握书刊、报纸等出版物文字信息处理的工艺过程。主要包括：会选择文字的输入方法，熟悉常用排版软件，确定排版方式，了解字体、字号等版面的基本设置内容，会选择输出方式。

【分析】文字信息处理中每一道工序都有几种方法，通过本节内容的学习，让学生学会根据不同的原稿或要求选择不同的方法。

如果客户拿来的是图书、报纸和杂志类原稿，它们的主要内容就是文字，因此，要印刷图书、报纸、杂志，首先要进行文字信息处理，也就是把作者创作的文稿输入计算机，再进行排版，并和需要的图像（如插图）组合在一起，最后转移到胶片或印版上。

一、了解计算机排版工艺流程

文字信息处理就是我们所说的计算机排版，它是借助计算机进行文字输入、编辑排版，然后和需要的图像信息组合在一起，利用输出设备输出校样、胶片。

计算机排版工艺流程如图3-2所示。

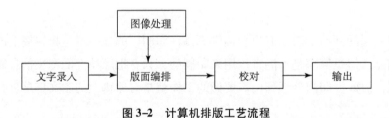

图3-2　计算机排版工艺流程

二、排版工艺

（一）文字录入

文字录入的任务是将客户拿来的图书、报纸和杂志类原稿输入到计算机上，以便排版。

文字输入的方式有多种，如键盘直接输入、光笔手写输入、语音输入、扫描输入等方式，目前印刷企业主要采用计算机键盘（见图3-3）直接输入。

图3-3　计算机键盘

　　键盘输入就是用计算机键盘进行手工输入，也就是我们平常所说的打字。汉字的键盘输入都是编码输入，就是根据汉字的笔画或发音编码，每个键盘代表一个到几个编码，一个字由哪几个笔画或发音组成，就敲击哪几个键。比如五笔字型输入法，把汉字分解为五种基本笔画和三种字形，五种基本笔画是横、竖、撇、捺、折，三种基本字形是左右形、上下形、杂合形，共选取 130 个基本字根，安排在 A ~ Y 共 25 个键上，输入时只要点击字根所在的键，这种输入方法重码率低，速度快，对于大量输入来说是比较好的方法。

　　常用的键盘输入法有五笔字型（见图 3-4）输入法、拼音输入法等。

　　如果原稿是电子文档，就是已经存储在介质上的文字，只要在计算机上打开就可以了。

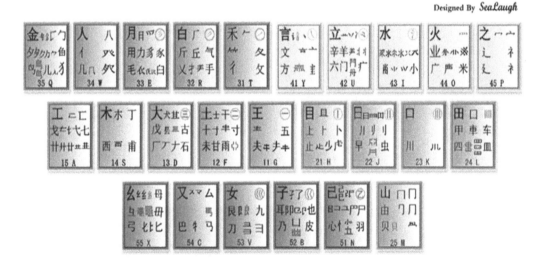

图 3-4　五笔字型键盘字根图

（二）排版

　　待原稿文字全部录入完毕，第二步就是使用排版软件加入适当的排版指令（排版注解），把文字和经图像软件处理过的图形、图像内容编排在一起，组成符合要求的版面。

1. 选择排版软件

　　文字信息处理一般在排版软件中进行，常用的排版软件有方正书版（见图 3-5）、方正飞腾（见图 3-6）和 PageMaker（见图 3-7）、QuarkXpress（见图 3-8）等。

方正书版排版软件在出版社、印刷厂广泛使用，主要用于图书、杂志等出版物的排版。方正书版属于批处理排版方式，就是先将文稿全部输入计算机，然后在文稿中加入专用的命令注解，用于说明版面的排法和要求，如文字字体、字号，文章标题的位置，以及指定一本书的版心尺寸等，可以一次排出整本书。批处理排版软件的优点是可以制作出符合专业要求的高质量的出版物，排版速度快，缺点是不能在录入注解的同时看到

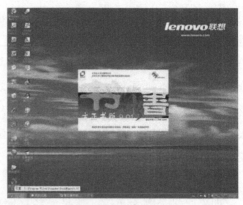

图 3-5　方正书版

排版结果，使用起来不直观，适合经过专门训练的操作者使用。

图 3-6　FIT 软件

图 3-7　PageMaker 软件

方正飞腾（FIT）排版软件主要用于排报纸、杂志和商业广告等。方正飞腾属于交互式排版方式，也就是用鼠标和键盘选择排版软件提供的命令菜单、对话框、工具箱等一系列屏幕提示，按照排版要求发出各种排版指令，进行版面编排工作。这种软件不必费力地学习复杂的命令，并且操作直观，可以随时在计算机屏幕上显示

图 3-8　QuarkXpress 软件

排版版面（见图3-9），被形象地称为"人机对话"，特别适合报纸、杂志等的编排。

　　PageMaker 用于生产专业、高品质的出版刊物如画册、广告等，它的稳定性、高品质及多变化的功能特别受到使用者的赞赏。在 PageMaker 的出版物中，置入图的方式非

常好，通过链接的方式置入图，可以确保印刷时的清晰度。

QuarkXpress 排版软件有优越的色彩表现能力、特殊的影像处理及精确的排版操控，从单色的名片到彩色的杂志，都可以使用它轻松完成各种简单及复杂的排版任务。它提升了版面配置和生产工作的功能，使出版流程更为简化，方便易用，并让使用人员工作更快、更有创意。

图 3-9　FIT 排版效果

2. 了解书刊、报纸的版面结构

排版时，我们应该了解书刊、报纸的版面结构（见图 3-10、图 3-11）并掌握相关术语和名词。

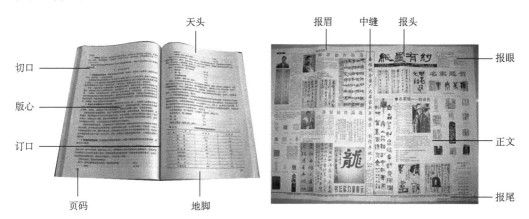

图 3-10　书刊版面结构示意图 　　　　　图 3-11　报纸版面结构示意图

3. 确定字体和规格

排版时首先要确定的就是文字的字体、字号。

（1）字体。字体就是字的形态和形体，不同的出版物在不同的情况下需要用不同的字体来印刷、出版。在汉字的印刷字体中，最常用的基本字体有宋体、仿宋体、楷体和黑体四种，此外，还有美术体、标准体、书写体等特种字体，在计算机软件中还可以选择隶书、行楷、魏碑等其他字体，正文用得最多的是宋体，黑体经常用作标题。部分字体如图 3-12 所示。

还有一些外文字体如英文、俄文、日文等和少数民族的文字如维吾尔文、朝鲜文、藏文等，它们分黑体和白体，白体是相对于黑体而言笔画较细的字体。编排这些书刊时，黑体一般用于标题，白体一般用于书刊的正文。

文字信息处理	宋体
文字信息处理	仿宋体
文字信息处理	楷体
文字信息处理	**黑体**
文字信息处理	隶书

图 3-12 常用印刷字体实例

（2）字号。排版时要使用不同的文字规格，文字的规格就是指字号，以正方形的汉字为准，常用的有号数制和点数制。

①号数制。号数制是将一定尺寸大小的字形按号排列，号数越大，字形越小，书报刊的正文常用 5 号宋体，常用字号举例如图 3-13 所示。

信息	信息	信息	信息	信息	信息	信息
初号	一号	二号	三号	四号	五号	六号

图 3-13 号数制字形实例

②点数制。点数制是国际上通用的字形计量方法，"点"是从英文 Point 的译意来的，一般用小写字母 p 表示，俗称"磅"，点数越大，字形越大，磅与英寸、毫米的换算关系为：

1p ＝ 1/72 英寸 ＝ 0.35146mm ≈ 0.35mm

点数制字形实例如图 3-14 所示。

信息	信息	信息	信息	信息
48p	28p	22p	11p	8p

图 3-14 点数制字形实例

4. 排版操作

（1）书刊的版面编排就是将文字原稿按照设计要求，确定开本尺寸、排版形式、正文、标题的字体、字号、行距、字距及版心、天头、地脚、订口、切口等，并将相关数据和排版指令输入计算机中，以组成规定的版式，不同类型的出版物上述数据可能有很大差别。

（2）报纸的版面编排就是将文字原稿按照设计要求，确定正文、中缝、报眼、标题的字体、字号、行距、字距及排版形式，并将相关数据和排版指令输入计算机中，以组成规定的版式，各种报纸的报头、报眉、报尾等一般固定不变。

（三）校对

在文字录入过程中很容易出现错别字，排版也难免会有错误，这就需要在版面编排完成后，对样稿进行校对，及时发现和纠正校样上与原稿不相符的文字、符号及与排版要求不一致的格式等。校对一般至少要进行三遍，有时会直接在计算机屏幕上校对，但更多时候是将文稿打印到纸张上后对比原稿进行校对。

（四）文字信息的输出

排版结果需要打印到纸张上，对比原稿进行校对；经校对确认无误的图文信息文件也需要输出胶片，然后进行拼版、晒版。

1．输出设备

文字的输出设备主要有激光打印机（见图3-15）、喷墨打印机（见图3-16）和激光照排机（见图3-17）。

图3-15　激光打印机

图3-16　喷墨打印机

（1）激光打印机。激光打印机主要用于文字和黑白图像的打样输出，喷墨打印机主要用于彩色或黑白图像的打样输出。

（2）激光照排机。激光照排机主要用于输出胶片，以便晒版印刷。激光照排机的主要技术参数有输出分辨率、输出速度、重复精度等。按输出幅面大小，激光照排机分为四开、八开、十六开等幅面的激光照排机，分别输出四开、八开、十六开等幅面的胶片。

图3-17　激光照排机

2. 输出胶片

书刊、报纸的版面编排好后,黑白文字由激光打印机输出校样,进行校对、修改,彩色插图用彩色打印机输出校样,进行校对、修改,反复几次,确保准确无误后,通过激光照排机,经栅格图像处理器 RIP 处理成点阵图像后,输出胶片。校样和胶片如图 3-18 所示。

由于书刊、杂志的开本大多为十六开、三十二开或六十四开,报纸的幅面大多是八开、四开,因此大多数印刷机的印刷幅面都比印刷品开本的幅面大。所以,如果我们是按照开本尺寸输出的胶片,还需要按照一定的顺序拼成印刷版面(称为拼版),才能用于制作印版。

拼版也可以在计算机上进行。在输出胶片或印版前,使用相关拼版软件将排好的页面按照一定的顺序拼成印刷版面,并添加必要的印刷辅助线,然后在大幅面激光照排机上输出软片。这时输出的胶片幅面与印版幅面相同,可直接用来制作各类印版。

图 3-18　校样和胶片

图 3-19　直接制版机

排版结果也可由 CTP 直接制版机(见图 3-19)输出 CTP 印版用于胶印。CTP 直接制版机可以将计算机排好的版面信息直接记录在 CTP 版材上,通过适当的后处理来制得印版。由于不需要使用胶片,简化了工序,减少了图像层次损失,制版质量大大提高。

也可由柔性版直接制版机制作柔性版用于凸印。

第二节　图像信息处理

【任务】以彩色连续调图像原稿为例,掌握图像信息处理的工艺过程。包括:会判断彩色图像原稿的类型,并确定输入方法,了解图像处理的基本内容,会合理安排网点,会选择输出设备以及相应的输出材料。

【分析】图像处理涉及色彩和网点,通过这一节内容的学习,初步掌握色彩以及网点的基本知识,更好地了解图像信息处理的内容。

如果客户送来的是画册、海报、招贴画、各类商品广告和包装设计类原稿,里面一定有大量的彩色图像。要复制出与原稿相同的彩色印刷品，首先要进行图像信息处理。

印前处理工序对彩色图像的处理过程是先把原稿扫描输入到计算机中，再用图像处理软件进行处理，最后记录在胶片或印版上。即：

彩色图像→扫描输入→图像处理→页面排版→记录输出

一、图像复制基础知识

（一）了解图像复制过程

图像的信息归根结底是组成图像颜色的信息，因此图像的复制也就是颜色的复制。一般是先把彩色原稿上的混合颜色分解成四种颜色：黄、品红、青、黑，印刷时再把这四种颜色的油墨印在纸张表面，四种颜色叠加在一起形成与原稿一样的色彩（图3–20为其示意图）。

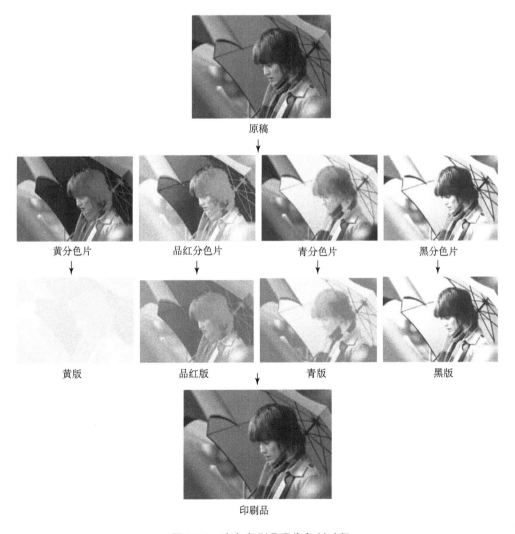

图 3–20　彩色印刷品图像复制过程

所以，彩色图像复制过程是先将彩色图像原稿进行颜色分解，经处理后进行颜色合成，颜色分解由印前图像处理工艺完成，图像的颜色合成由印刷工艺来完成。

做一做：用红色的胶片或塑料片放在眼前，透过它看到的物体是什么颜色？

过去在用照相制版方法分色时以及现在的部分扫描仪中，经常使用类似红色或绿色、蓝色胶片的工具，我们称它为滤色片，原稿上的混合颜色就是使用滤色片将其分解成几种单色。

（二）初步认识颜色

为什么彩色原稿要分解成黄（Y）、品红（M）、青（C）、黑（Bk）四色，最后再用这四种颜色的油墨合成，而不是其他颜色？

人们通过实验发现，自然界中的色彩都是由光的作用产生的，只要有色光三原色红（R）、绿（G）、蓝（B），将它们按一定比例混合就可以得到自然界所有色光；而色料是对可见光进行选择性吸收后呈现的颜色，只要有色料三原色黄（Y）、品红（M）、青（C），将它们按一定比例混合就可以得到自然界所有颜色。也就是说，印刷车间只要有黄、品红、青三色油墨，按不同比例叠印就能复制出原稿上所有的颜色，再加一个黑墨，更能改善图像暗调的层次和颜色，这就是彩色印刷中用黄、品红、青、黑作为基本色墨的原因。

色光三原色和色料三原色的混合规律如图3-21、图3-22所示。

做一做：用黄、品红、青三色油墨中的两种，调出其他颜色。

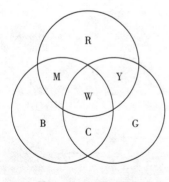

图3-21　色光三原色

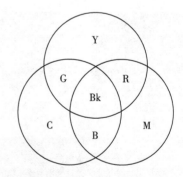

图3-22　色料三原色

二、图像信息处理工艺

（一）图像的扫描输入

1. 图像输入设备

为了能让计算机处理图像，首先要把彩色原稿输入计算机。最常用的输入方法是用扫描仪（见图3-23）扫描输入，但对于幅面尺寸较大的照片、绘画或者实物，则需要利用数字照相机（见图3-24），也称"数码相机"对其进行拍摄，以转换成数字信息，再输入计算机进行印前处理。

图 3-23　扫描仪　　　　　　　　　　图 3-24　数码相机

（1）图像扫描仪。扫描仪是印刷行业用得最多的一种图像输入设备，根据其外形结构分为两类：平台式扫描仪（见图 3-25）和滚筒式扫描仪（见图 3-26）。各种图像扫描仪的工作原理基本相同，都是先用白光照射原稿，原稿颜色转换成不同强弱的光信号，这些光信号经滤色片分解成红、绿、蓝三色光，经光电转换器转换成电信号，再转换为数字信号，最后进行各种处理。

图 3-25　平台式扫描仪　　　　　　　图 3-26　滚筒式扫描仪

平台式扫描仪采用光电耦合元件 CCD 作为光电转换器件，扫描时，原稿是平展放置，安装原稿非常容易，扫描速度快、使用方便，适合一般性印刷的需要，还可以以实物为原稿，是一种应用非常广泛的图像捕获设备。

滚筒式扫描仪采用光电倍增管 PMT 作为光电转换器件，它对光的敏感程度较高，因此对图像暗调层次表现较好，对要求较高的复制应选用此类扫描仪。滚筒式扫描仪属于高档扫描仪，但不如平台式扫描仪方便，扫描速度略慢，价格偏高。

（2）数码相机。数码相机不需要胶片，它采用 CCD（电荷耦合）摄像感应器，利用红、绿、蓝三种颜色的滤色片对图像进行分色，从而得到 RGB（红、绿、蓝）三色图像。获得的图像通常以像素表示，记录在存储介质中，可以被计算机直接使用。

现在印刷企业和制版公司主要采用扫描仪。

2．扫描参数设置

虽然各种扫描仪有所不同，扫描的操作也不相同，但基本的原则却是相同的，就是扫描图像时需要设置几个关键参数。

（1）选择扫描图像模式。图像模式有彩色图像、灰度图像和黑白二值图像，要根据原稿的图像性质选择。图 3–27 为彩色原稿的黑白示意图。

（2）设置扫描分辨率和图像尺寸。扫描分辨率的大小影响图像的清晰度以及处理速度，扫描分辨率低，图像清晰度就差，边缘粗糙，但是处理速度较快；扫描分辨率高，图像清晰度就好，但是处理速度变慢。确定合适的扫描分辨率既有利于保证图像的清晰程度符合客户要求，又不会影响图像扫描的工作效率。

（3）选择原稿类型，扫描透射原稿就选择透射型，扫描反射原稿就选择反射型。

扫描参数设定完成后，就可以进行正式的精细扫描了。

扫描过程为：彩色原稿→光信号→电信号→数字信号。

图 3–28 为用扫描仪扫描，图 3–29 为形成的扫描图像。

图 3–27　彩色原稿的黑白示意图　　　图 3–28　用扫描仪扫描　　　图 3–29　形成扫描图像

扫描输入也称为图像的数字化，就是扫描仪把原稿图像分解成一个个很小的点，称为像素，每个像素的信息转换为二进制数字信息，原来的照片、绘画等模拟图像就变成了数字图像。数字图像由像素构成，如图 3–30、图 3–31 所示。

 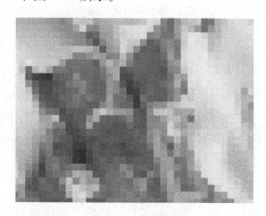

图 3–30　数字化图像　　　　　　　　　图 3–31　观察像素

做一做：在电脑中将图像放大后观察像素。

印刷概论

（二）图像处理

1. 了解图像处理软件

经扫描后的图像进入图像处理系统，开始使用图像处理软件进行加工和处理，图像处理软件应用最广的是 Adobe 公司推出的 Photoshop 软件（如图 3-32 所示）。它具有极好的图像处理、修饰和整合的强大功能，应用于印刷、广告设计、封面制作、网页图像制作、照片编辑等领域。

2. 图像处理方法

图像处理要完成的任务是对图像进行修正调节、彩色图像的分色转换、图像的创意处理。

图像的调整一般从图像的层次、颜色、清晰度三个方面进行，一幅图像如果在这三个方面都比较好的话，则从印刷复制的角度来说就是一幅符合质量要求的图像。

（1）打开一幅图像（如图 3-33 所示）。

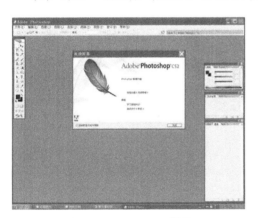
图 3-32　Photoshop 界面

图 3-33　打开一幅图像

（2）层次调整。层次调整就是要处理好图像的亮调、中间调和暗调，使图像层次分明，各层次都保持完好，并显现清楚。层次调整可以在 Photoshop 软件中用多种方法进行，如用曲线调整（如图 3-34 所示）工具、黑白场定标。

（3）颜色调整。彩色印刷复制是色彩分解、色彩传递、色彩再现的复杂过程，在这个过程中颜色误差的产生是必然的，要想获得理想的彩色印刷复制，就设法校正这些色差，实现理想的颜色信息再现。调节图像颜色就是要把图像中的偏色都纠正过来，使颜色符合原稿或审美要求。

图 3-34　曲线调整

色彩校正之前应该首先进行层次校正，否则色彩校正后再进行层次校正时色彩又会发生变化。另外，要正确选择颜色模式，因为不同的颜色空间其色域范围有一定的差别，一般情况下可以在 RGB 空间中对图像校正，而在 CMYK 空间中对图像进行细微调节。RGB 颜色空间是用红（R）、绿（G）、蓝（B）色光三原色组成的颜色空间，而 CMYK 颜色空间是印刷油墨青（C）、品红（M）、黄（Y）、黑（K）形成的颜色空间。

Photoshop 软件中有很多颜色校正工具，如"调整"菜单下阶调曲线校色工具、色平衡工具、色相饱和度工具、选择性颜色工具等。

（4）清晰度强调。图像的清晰度是指层次轮廓边界的虚实程度，相邻明暗层次之间的明暗对比差别，以及细微层次的精细程度。图像清晰度强调也称图像的锐化（如图 3-35 所示），主要是通过锐化功能来实现的，即通过锐化处理增强图像中景物边缘和轮廓，把细节表现出来，使图像看起来清晰。在滤镜工具中选择锐化工具，即可对图像进行锐化处理，提高图像的清晰度。

由于每个人的审美习惯不一样，在对图像的这三个方面处理时可能把握的尺度不同，但是应该符合两个原则，就是忠实于原稿和符合视觉习惯。

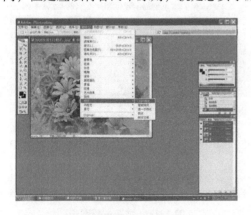 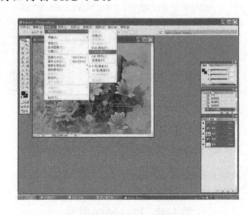

图 3-35　锐化　　　　　　　　　　　　　图 3-36　分色转换

（5）彩色图像的分色转换。在图像的扫描输入过程中，已经对彩色图像进行了分光处理，分成 RGB 三色，图像处理结束后，只要把图像模式转换成 CMYK 模式，就完成了图像的分色转换（如图 3-36 所示）。

（6）图像的创意处理。图像的创意处理能够实现版面设计和创意，可以任意地调整图像大小、位置、角度，直至达到预想的艺术效果。

图像处理软件的功能很多，这里只列举了最基本的操作。

（三）页面排版

处理好的图像信息还需要与文字信息一起进行编辑排版处理，生成一定格式的文件。常用的排版软件有 PageMaker、QuarkXpress 和北大方正 WITS 集成排版软件。

（四）图文记录输出

图文信息的处理完成后，就进入输出阶段，在这一阶段要完成整版分色胶片或印版

印刷概论

的记录输出工作，就是所谓的"出片"或"制版"工作。

图像输出的第一步是进行加网设定，为什么要进行加网设定呢？

一般原稿的明暗层次是通过密度的变化表现出来的,而在凸版和平版印刷中,印版的各个印刷部位,其墨层厚度都是一样的,我们无法通过墨层厚度的变化来表现原稿的明暗层次。所以,要想在印刷品中表现原稿的明暗层次,必须另想它法。在实际工作中,我们是利用网点的覆盖率来再现原稿的明暗层次。网点是如何再现原稿的明暗层次的呢？

1. 认识网点

网点是组成图像的小点，是印刷过程中吸附油墨的最小单位。印刷品的颜色和层次是靠网点来实现的，即通过网点的大小或疏密变化来控制油墨量的变化，再现原稿上浓淡层次的变化。

想一想：假如没有网点，能印出有浓淡变化的印刷品吗？

……

在印刷图像复制中，有两种不同的网点形式，一种是调幅网点，另一种是调频网点。

（1）调幅网点。调幅网点又称 AM（Amplitude Modulation）网点（见图 3-37），它是通过网屏产生的，其特征是单位面积内网点数不变，通过网点大小来反映图像色调的深浅，对应于原稿色调深的部位，复制品上的网点面积大，接受的油墨就多，对应于原稿色调浅的部位，复制品上网点面积小，接受的油墨量就少。图 3-38 是印刷品图像，图 3-39 是图 3-38 的图像网点。

 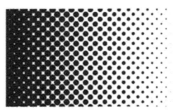

（a）实样　　　　　　　　　（b）放大镜里网点的大小比例

图 3-37　调幅网点

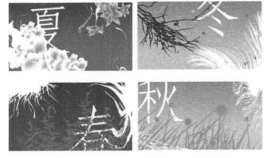 

图 3-38　印刷品图像　　　　　　　图 3-39　上述图像的网点

做一做：使用放大镜观察印刷品的网点。

调幅网点有四个要素：网点大小、网点形状、网点线数和网线角度。

①网点大小：网点大小是用网点覆盖率来衡量的，是指单位面积内着墨的面积率，用网点百分比表示，也可以用"成"表示。例如，在单位面积内着墨率为 50%，则称为 50% 的网点，也称为 5 成网点；若在单位面积内着墨率为 65%，则称之为 65% 的网点，也称为 6.5 成网点。着墨面积越大，网点百分比或网点成数就越大，看起来颜色就深；相反，着墨面积越小，网点百分比或网点成数就越小，看起来颜色就浅。从图3-40可以看出，网点覆盖率不同，我们感觉到的明暗也不同。

图 3-40　网点大小

②网点形状：最为常用的有方形网点、圆形网点、菱形网点（见图 3-41），在印刷中，不同的网点形状对印刷图像的阶调层次有不同的影响。

 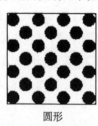 

方形　　　　　　　圆形　　　　　　　菱形

图 3-41　网点形状

③网点线数：是指单位长度内排列的网点个数，单位长度为每厘米或每英寸。网点线数是由网屏线数决定的，使用的网屏线数越高，加网线数越高，单位面积内的网点数目越多，网点越小，图像的层次越丰富，细节也就越多；反之，使用的网屏线数越低，加网线数越低，图像的层次会有所下降，印刷出来的图像越粗糙。但并不是说加网线数越高越好，加网线数越高，印刷时网点增大现象越严重，对印刷条件和技术的要求就越高。

在印刷过程中对加网线数的选择，主要取决于原稿类型、承印材料种类和印刷设备的精度。可供选择的网屏线数有：60、80、100、120、133、175、200 线/英寸，用 lpi 表示。图 3-42、图 3-43 分别是 120 lpi 和 50 lpi 的图像。

④网线角度：在印刷品上，如果用放大镜来观察图像，就会看到组成印刷品图像的网点是按照一定的规律排列的，网线角度就是网点排列的方向与基准线的夹角，基准线为水平线或垂直线。对于四色印刷，四个色版常选用 15°、45°、75°、90° 这四个角度（如图 3-44 所示），这时两个色版相差 30°，得到的花纹较为美观。如果网线角度安排不当或角度差不准，两种或两种以上不同角度的网点套印在一起时会产生干涉条纹，俗称"龟纹"，有损图像美感。图 3-45 是网目调图像及放大后的示意图，图 3-46 是图像产生干涉条纹的效果，图 3-47 是图像正常情况时的效果。

图 3-42　120 lpi

图 3-43　50 lpi

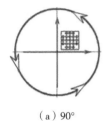

（a）90°

（b）75°

（c）45°

（d）15°

图 3-44　网点角度

图 3-45　网目调图像及放大后

图 3-46　干涉条纹

图 3-47　正常情况

（2）调频网点。20 世纪 90 年代，产生了调频网点（图 3-48、图 3-49）。调频网点又称 FM（Frequency Modulation）网点，它是利用计算机形成的。调频网点在空间分布没有规律，为随机分布，一幅图像上每个网点的面积保持不变，但不同部位网点的密集程度不同，网点密的地方，图像颜色深，网点疏的地方，图像颜色浅。

图 3-48　调频网点

图 3-49　调频网点

调频网点的分布没有规律，也就不存在网线角度的问题，不会产生干涉条纹，印刷时可以多于四色，实现高保真印刷。另外，调频网点只有网点大小这一个要素，网点越小，印刷品表现得越细腻，相当于调幅加网时的高网线数，但是对印刷条件的要求也相应提高了。调幅、调频网点的对比如图 3-50、图 3-51 所示。

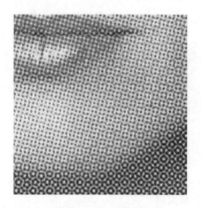

图 3-50　调幅网点

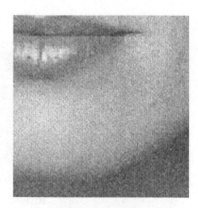

图 3-51　调频网点

2．加网设定

图像输出首先要进行加网设定，主要设定网点形状、网点角度、加网线数、输出分辨率等，我们可以根据工艺设计要求输入相关数据（见图 3-52）。

印前系统的栅格图像处理器 RIP 根据上述数据对页面排版文件进行解释，并将其进行栅格化处理，生成整页版面的位图文件，再将位图文件传送至输出设备产生最终输出结果。

3．选择输出设备

常用的输出设备有激光打印机、喷墨打印机、激光照排机、直接制版机等（见图 3-53、图 3-54、图 3-55）。

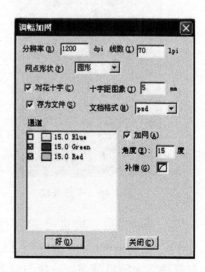

图 3-52　加网设定

图 3-53　热升华打印机

图 3-54　彩色激光打印机

图 3-55　直接制版机

与文字信息输出类似，彩色图像用彩色打印机输出校样，进行校对、修改，反复几次，确保准确无误后，通过激光照排机，经栅格图像处理器 RIP 处理成点阵图像（即位图文件）后，输出加网分色胶片。

彩色图像的加网分色胶片也同样存在图像幅面小于印刷幅面需要拼版的问题，由于拼四张分色胶片难度更大，因此，如果彩色图像的幅面小于印刷幅面，必须在计算机上拼成印刷幅面后，再输出加网分色胶片，这样才能保证套印精度和印刷质量。

此外，如果我们是将图文输出结果用于凹印，图文输出记录设备可以选择凹版电子雕刻机和激光雕刻机；如果是将图文输出结果用于凸印，图文输出记录设备可以选择柔性版直接制版机。

第三节　制作印版

【任务】掌握晒制 PS 版所需要的设备，以及晒制阳图型 PS 版每一步骤的作用，了解制作丝网版所需要的设备和丝网版的制作过程，了解柔性版制作过程和凹版的制作方法。

【分析】PS 版、柔性版和丝网版都是应用比较多的印版，特别是 PS 版更是应用普遍，通过这一节内容的学习，初步了解这三种印版的制作方法。

客户的原稿经图文信息处理输出成胶片之后，下一步就是按照工艺设计确定的印刷方式制作印版，印刷厂一般把制作印版工序称为晒版。

一、柔性版的制作

许多包装、商标都是用柔性版印刷的，一些报纸印刷也是采用柔性版印刷方式。当我们对这类原稿进行图文信息处理、输出胶片之后，就可以制作柔性版了。

制作柔性版材料现在使用较多的是固态感光树脂版。其制版工艺流程如下：

1. 准备工作

制版前的准备主要是材料的准备和设备的调试，包括：准备好晒版用的阴图底片；根据印刷尺寸准备相应幅面的柔性版材；对晒版机、显影清洗设备、烘干设备等进行调试。

2. 曝光

晒版机有两排光源，分别对柔性版材的两面曝光（见图3-56）。背面曝光的作用是使印版底部感光层发生光聚合反应，以建立一个稳固的底基来支撑凸出的浮雕，背面曝光的时间较短。正面曝光是透过阴图片对版面感光层进行曝光。曝光前先抽真空，使阴图底片与感光层密合，感光树脂经紫外线照

图3-56 曝光

射后呈现不溶性，而未经照射的感光树脂仍保持可溶性。正面曝光的时间根据晒版机光源的强度和版材性能经测试确定。

3. 显影

曝光后，印版上虽然有图文的潜影，但是版面仍然是平坦的，需经过显影液的冲洗，将未曝光部分的树脂用毛刷和冲洗液去除，只有曝光部分的树脂聚合物留在版面上，分别形成空白部分与图文部分，制成浮雕状的印版。

4. 干燥

印版经过冲洗后，看起来是膨胀的、黏而软的，原来的直线像波浪线，文字也有所歪扭（见图3-57），这是正常现象，将印版干燥，使版材内吸收的溶剂排除，即可恢复版材原有的特性及厚度。干燥方式可以是烘箱烘烤，也可以用热风或红外线加热。

5. 后曝光

后曝光是对干燥的印版进行全面的曝光，

图3-57 未干燥的柔性版

使印版彻底发生聚合反应，达到最大的聚合程度，提高印版耐印力。

二、PS版的制作

胶印的印刷范围很广，书刊、报纸、画册、包装、商标广告等都可以用胶印印刷。胶印主要使用PS版（见图3-58）。

PS是英文Pre-Sensitized的缩写，PS版的中文含义是预涂感光版，指预先涂布感光液、可随用随取的感光版。PS版晒版过程简单、性能稳定、分辨率高、耐印力高，是目前印刷厂用得最多的感光版。

PS 版的版基为金属铝，铝版材表面光滑，吸附性差。为了提高铝版材的表面吸附性能和耐磨性能，首先要对其进行表面粗化处理，通过电解、氧化、封孔处理，在表面形成一层具有很好表面吸附性能和耐磨性能的氧化膜，然后才能涂布感光液。

PS 版有阳图型和阴图型，阳图型 PS 版采用阳图原版晒版，感光剂类型为光分解型，是目前最常用的平版感光版。阴图型

图 3-58 PS 版

PS 版采用阴图原版晒版，感光剂类型为光聚合型或光交联型，耐印力高，特别适用于书报刊类产品，目前国内较少应用。

阳图 PS 版的晒版工艺流程为：晒前准备→装版→曝光→显影→除脏→烤版→擦胶。

1. 晒版前准备

晒版前先要做以下准备工作：阅读生产单、调试和检查设备、配制药水、检查和测试原版及 PS 版等内容。

2. 曝光

准备工作结束后，就可以装版（见图 3-59）曝光了。按照工艺要求把 PS 版摆放到晒版机的晒版框内，将原版在 PS 版上面进行定位固定，合上并锁紧晒框，拉好遮光帘（见图 3-60），以防被紫外线灼伤。曝光时，光线透过原版的透光部分，照射到 PS 版的感光层，使其发生光分解反应，而图文部分的感光层由于受到原版未透光部分的遮挡，没有曝光，该部位性能保持不变。

图 3-59 装版

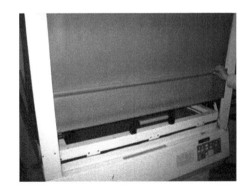

图 3-60 拉遮光帘曝光

3. 显影

曝光结束后，利用显影机（见图 3-61）进行显影（见图 3-62），主要作用是除去曝光时见光分解的感光层，形成印版的空白部分和图文部分。

图 3-61　PS 版显影机

图 3-62　显影

4．除脏、擦胶

除脏（见图 3-63）指把版面上的脏点除掉。擦胶（见图 3-64）是将护版胶涂擦到版面上的过程。擦胶可以使印版表面形成一层保护膜，防止印版的空白部分在上机之前被空气氧化，避免灰尘和油脏等污染版面，同时还可增强空白部分的亲水性。护版胶一般采用阿拉伯树胶溶液。

图 3-63　除脏

图 3-64　擦胶

这时，阳图型 PS 版的制版就基本完成，可以放在版盒中等待上机了。

如果印版是用于长版活，还需要烤版，把阳图型 PS 版放入烤版机进行高温烘烤，以增强印版的耐印力。

三、雕刻凹版的制作

目前各种画册、塑料包装、有价证券的印刷，很多都采用凹版印刷方式。

凹版不是预先制好再安装到版台或印版滚筒上，而是在印版滚筒上直接制版，然后把制好的印版滚筒安装到凹版印刷机上印刷。凹版滚筒如图 3-65 所示。

随着 CTP 技术的出现，计算机直接制版技术被运用到凹版制版工艺中，目前主要有电子雕刻凹版和激光雕刻凹版。

电子雕刻凹版是利用电子雕刻机，在铜滚筒表面直接雕刻出网穴制成印版。电子雕刻有非数字式电子雕刻和数字式电子雕刻，数字式电子雕刻又称计算机直接雕刻，其制作过程是：将制版原稿输入计算机，用图像处理软件进行处理，将图像数据生成传递文件，通过计算机控制雕刻滚筒的转速和雕刻头的给进速度，在铜滚筒上进行雕刻。数字化凹版制作系统具有灵活的数据输入、处理和雕刻设备配置，可以在雕刻之前打印版面样张，供校对使用，当所有凹版版面雕刻信息完全正确后，电子雕刻机才在凹版滚筒上雕刻输入。

图 3-65　凹版滚筒

电子雕刻凹版的制版工艺流程为：原稿→输入计算机→图文处理→雕刻→印版。

激光雕刻制版技术是近几年来发展起来的凹版雕刻新技术，其雕刻图像的深度尺寸及网点形状由激光束来控制。

雕刻完成后，要在滚筒表面电镀金属铬层，使凹版滚筒具备高耐印力。图 3-66 是电子雕刻滚筒，图 3-67 是激光雕刻原理图。

图 3-66　电子雕刻滚筒

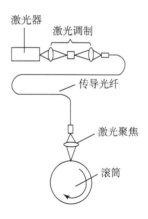

图 3-67　激光雕刻原理图

四、丝网版的制作

陶瓷贴花、纺织印染、包装装潢、广告招贴等大量采用丝网印刷方式。

制作丝网版先要准备一些设备和材料，主要有丝网（见图 3-68）、网框（见图 3-69）、绷网机（见图 3-70）和丝网晒版机（见图 3-71）。丝网是制作丝网版的主要材料，作用是承载油墨，丝网材料有尼龙、金属丝网等，是感光胶膜的支持体。丝网的规格用丝网目数来表示，目数越高，丝网越密，网孔越小。

网框是指支撑丝网的框架，由金属、木材或其他材料制成。最好选用铝合金或钢质网框，木质框浸水后容易变形。

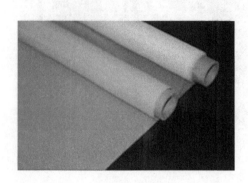

图3-68　丝网

图3-69　网框

图3-70　绷网机

图3-71　丝网晒版机

绷网机是将丝网绷紧在网框上的专用设备，绷网机上装有绷网夹，绷网夹夹住丝网的边缘，通过刷胶把丝网固定在网框上。

丝网晒版机是专供晒制丝网印版的设备。晒版时，为了使丝网与底片紧密接触，有必要在丝网上放一块厚的海绵。

制丝网版的过程是：准备胶片→绷网→涂布感光胶→晒版→显影冲洗→丝网印版。

1．准备胶片

采用通常的图文信息处理方法得到的阳图胶片。只是由于丝网印刷墨层厚实，细微层次表现能力低，所以在处理过程中要用 Photoshop 软件中的曲线工具进行适当调整，将网点大小提高1%～2%，以弥补晒版过程中5%以下的网点丢失。

2．绷网

使用大幅面机械式绷网机可获得较大的张力，防止印刷过程中张力松弛、网版变形；同一套网版的张力要一致。绷网示意如图3-72所示。

3. 涂布感光胶

将感光胶直接涂在经过处理的网版印刷面。

4. 晒版

将涂布感光胶的网版印刷面干燥后，连同网框一起放入晒版机用阳图胶片晒版（见图3-73）。

图3-72　绷网

图3-73　晒丝网版

5. 显影冲洗

将曝光后的网版用水冲洗。由于感光胶见光部位发生光聚合反应变为不溶性，显影冲洗时仍留在网面上，而未见光部位仍具有可溶性，在冲洗时被冲洗掉，从而得到丝网印版。

丝网制版还可以用间接制版法。间接法比直接法制作的印版精度高，并且不需要使用特殊的晒版装置。它是使用 PS 版晒版机将阳图底版与感光片密合在一起，经曝光、显影，形成图文部分无感光膜，空白部分有感光膜的图像，再将该图像转移到绷了框的丝网上，经过干燥揭去片基，即制成丝网印版。

习　题

1. 常用的排版软件有哪些？
2. 排版方式有哪两种？各有什么特点？
3. 最常用的汉字字体有哪几种？如何表示汉字的大小？
4. 简述书刊、报纸的版面结构。
5. 文字的输出方式有哪几种？
6. 以彩色照片为例，简述图像处理的工艺流程。
7. 图像的调整一般要从哪几个方面进行？
8. 印刷车间为什么用黄、品红、青、黑作为印刷的基本色墨？
9. 有浓淡层次的原稿为什么一定要通过网点来再现？

10. 网点有几种？它们是如何表现图像的浓淡层次的？

11. 调幅式网点常用的加网角度是多少？

12. 简述网点线数与图像质量的关系。

13. 图像信息处理过程中需要哪些设备？

14. 调频网点的主要特点是什么？

15. 晒制柔性版要经过哪些步骤？

16. 简述晒制阳图型 PS 版的主要步骤及其作用。

17. 制作凹版有哪几种方法？

18. 晒制丝网版需要哪些设备和材料？简述晒制丝网版的主要过程。

印刷

概论

第四章

印 刷

应知要点：

1. 掌握各种印刷工艺原理。

2. 认识各种印刷方式的流程及特点。

应会要点：

1. 了解各种印刷方式的印刷环节。

2. 了解各种印刷方式的具体操作步骤。

当印版制作好以后，就可以进入印刷环节了。印刷环节大致可分为印前准备、试印刷、正式印刷等工序。下面，我们分别介绍各种印刷方式的印刷工艺原理和加工过程。

第一节　凸版印刷

【任务】掌握柔性版印刷工艺原理，了解柔性版印刷工艺流程及每一步骤的作用，认识柔性版印刷的特点。

【分析】柔性版印刷是目前凸版印刷中使用最多的一种印刷方式，通过对柔性版印刷工艺的学习，使同学们对凸版印刷工艺有一定的认识。

柔性版是由橡胶版、感光性树脂版等材料制成的，柔性印版的图文部分凸起，高于空白部分，柔性版印刷通过网纹传墨辊传递油墨的方式来进行印刷，属于凸版印刷的范畴。如图 4-1 所示。

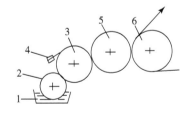

图 4-1　柔性版印刷机工作示意图

1—墨槽；2—墨斗辊；3—网纹辊；4—刮墨刀；
5—印版滚筒；6—压印滚筒

一、柔性版印刷设备

在介绍柔性版印刷操作之前，先了解一下柔性版印刷设备：柔性版印刷设备主要分为三种类型：机组式、卫星式、层叠式。它们结构不同，但印刷工艺流程基本相同，如图 4-2 所示。

（a）机组式柔性版印刷机

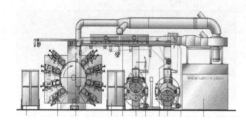

（b）卫星式柔性版印刷机

（c）层叠式柔性版印刷机

图 4-2　柔性版印刷设备

机组式柔性版印刷机各色组的排列与机组式胶印机相似，两个色组并行排列，各完成一色印刷。卫星式柔性版印刷机的多个色组共用一个大压印滚筒，承印物通过这个印刷过程可以实现单面多色印刷。层叠式柔性版印刷机是多个印刷色组上下排列，一次印刷过程可以完成单面多色印刷。

柔性版印刷机的压印滚筒为金属硬质滚筒，与贴有柔性版的印版滚筒压印，卷筒式的承印物从两滚筒之间穿过，经压印被印刷。

柔性版印刷机的供墨装置一般采用网纹辊式供墨装置，由刮刀和网纹辊组成，结构简单，供墨效率高。

二、柔性版印刷工艺原理

低黏度、高流动性的油墨从墨槽传递到网纹辊上，网纹辊表面刻有许多细小的凹槽，以吸附油墨，多余的油墨用刮墨刀刮除，留在网纹辊凹槽中的油墨，转移到柔性版的图文部分，在压力作用下，柔性版上的油墨被转移到承印物表面。

三、柔性版印刷工艺操作流程

在了解了柔性版印刷设备的结构和印刷工艺原理以后，我们来看看印刷的操作过程。

（一）印前准备

印前准备工作比较多，但都很重要，如果疏漏其中任何一个环节，将会造成很多不必要的麻烦，同时，也会直接影响印刷产品质量。印前准备工作包括以下内容：

1．了解施工单工艺要求

熟悉样本内容，认真了解承印材料性能特点，了解印刷油墨、溶剂的特性，了解套

印　刷

概　论

准要求、压力要求以及印刷色序等，做到心中有数。

2．印版贴版

印版需要事先粘贴到印版滚筒的表面以后，才能实施印刷，所需的粘贴材料多使用双面胶带。

贴版操作有三种类型：①凭目测控制贴版精度；②用带有观察版边十字线的放大镜头控制贴版精度；③使用带有摄像头和显示屏的上版机，通过显示屏来观察套准十字线的位置以控制贴版精度。由于贴版的精度直接影响印刷品的套印精度，所以，现在大多采用上版机贴版，上版机如图4-3所示。

用上版机贴版时，先校准上版机的两个镜头，然后仔细检查印版的质量，看是否有点子丢失和图文变形等，再确定贴版方向，裁切每一张印版，柔性版裁切要求如图4-4所示。裁切完毕后彻底清洁印版滚筒表面和印版，在印版滚筒表面贴上双面胶，贴完双面胶后开始粘版，印版粘完后要封版，封版的目的是使双面胶与外界隔离，防止双面胶接触油墨、水、酒精以及其他溶剂后降低粘贴牢度。贴版后的柔性版印版滚筒如图4-5所示。

图4-3　荧光屏显示摄像上版机

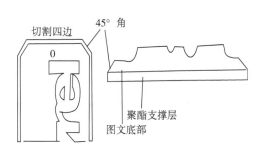

图4-4　柔性版四边切割要求

图4-5　贴版后的柔性版印版滚筒

3．检查印版、印刷材料

主要检查印版尺寸、位置是否符合印刷要求，看版面是否有损伤等，然后测量印版滚筒周长，选用合适的传动齿轮，最后检查准备的印刷材料是否符合印刷要求。

4．检查设备

主要检查设备是否清理干净，是否符合此次印刷要求，比如印版滚筒、网纹辊、墨辊、墨斗、贮墨槽等是否完全清理干净。

5．油墨的选配

柔性版印刷中，油墨是关键材料，由于承印材料范围广，选择合适的油墨非常重要，选择油墨主要从印刷适性、黏度、干燥性、附着力、承印材料的耐水性、耐酸碱性等方面考虑。

6．网纹辊的选择

按照网纹辊表面涂层的不同，网纹辊可以分为镀铬辊和陶瓷辊两种。网纹辊的网穴形状一般有尖锥型、斜齿形、蜂窝形等，现在应用较多是蜂窝状网穴。网纹辊形状如图4-6所示。

镀铬金属网纹辊造价较低，网纹密度可达200线/英寸，耐印力一般在1000万～3000万次。

陶瓷金属网纹辊，在金属表面有陶瓷涂层，

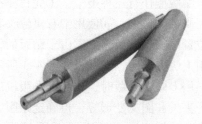

图4-6　网纹辊形状

耐印力可达4亿次左右，网纹密度可高达600线/英寸以上，适合精细彩色印刷。

实践证明，在印刷时，网纹辊网穴的密度是柔性版网点线数的3～4倍为好，所以一台柔性版印刷机一般都会配有多种线数的网纹辊，以适应不同的印刷要求。

7．机器调整

主要调整内容有：调节滚筒与墨辊间的平行度与压力，调节承印物的张力，保持印刷时张力的恒定。给墨槽加上油墨，调节墨辊工作状态，保证下墨量合适均匀，调节各滚筒的套准机构，使套线重合。

（二）试印

印前准备工作做完以后可进入下一个环节即试印，其过程如下。

（1）开动印刷机进行第一次试印，观察试印样张，根据样张出现的问题对印刷机进行调整。

（2）开动油墨泵将送墨量调整合适。

（3）开动印刷机进行第二次试印，检查第二次试印样张的缺陷，并对照样张缺陷对印刷机进行相应的调节。

（4）当试印产品合格后，再做最后一次全面检查，完全符合印刷要求即可进行印刷。

（三）印刷

在印刷过程中，继续检查套准情况、色差、油墨量、油墨干燥情况、张力大小等。若产品出现缺陷，应及时根据产品出现缺陷的原因对印刷机进行调节。

四、柔性版印刷的特点

（1）印版柔软可弯曲、富有弹性。

（2）制版周期短，制版设备简单，制版费用低。

（3）机器设备结构简单，造价低，设备投资少。

（4）承印材料非常广泛，几乎不受承印材料的限制。

（5）可使用无污染、干燥快的油墨，着墨量大，印刷的产品底色饱满。

（6）应用范围广泛，印刷速度快、生产周期短、经济效益较高。

第二节 平版印刷

【任务】掌握胶印工艺原理,了解胶印工艺流程及每一步骤的作用,认识胶印的特点。

【分析】胶印是平版印刷的一种主要形式和代表,在我国已成为第一大类印刷方式。

一、胶印工艺原理

胶印印版的图文部分与空白部分几乎处于同一平面,它利用油、水不相混溶的原理,通过对版材进行技术处理,使图文部分亲油疏水,空白部分亲水斥油。压印前,首先向印版涂布水分,使印版的空白部分被水润湿,然后供墨机构向印版供墨,因为印版的空白部分有水而不吸附油墨,油墨只能附着在印版的图文部分。印刷时,印版上图文部分的油墨先转印到橡皮布滚筒表面,经过压印,橡皮布滚筒上的图文再转印到承印物表面,完成印刷过程,各类胶印机的印刷过程如图4-7、图4-8、图4-9所示。

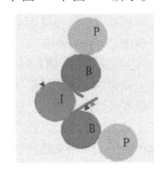

图4-7　双色胶印机印刷图文转移示意图

P—印版滚筒;B—橡皮布滚筒;I—压印滚筒

图4-8　四色胶印机印刷图文转移示意图

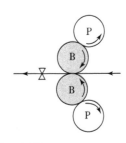

图4-9　双面胶印机印刷图文转移示意图

P—印版滚筒;B—橡皮布滚筒

二、平版胶印工艺操作流程

平版胶印的工艺操作流程大致可以分为印前准备、印刷机的调整、试印刷、印刷等步骤。

（一）印刷准备

1. 纸张的准备

（1）检查纸张。印刷工作人员对所用纸张的克重、幅面大小等是否符合施工单要求进行检查。

（2）对纸张进行调湿处理。未经过调湿处理的纸张上机印刷时，容易吸收橡皮布滚筒表面的水分而变形；有些纸张在存放期间因保管不当发生纸张变形如产生荷叶边、紧边、卷曲等（见图4-10），不进行调湿处理不能上机。调湿处理的目的就是降低纸张对水分的敏感程度，使纸张的含水量均匀并且与印刷环境温湿度相平衡，以保持纸张尺寸的稳定，从而使纸张适合印刷的要求，提高套印精度。

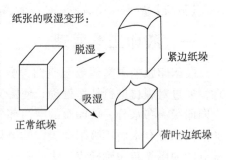

纸张的吸湿变形：

脱湿　　紧边纸垛

吸湿　　荷叶边纸垛

正常纸垛

图4-10　纸张变形示意图

纸张调湿处理的方法有以下三种：

①自然调湿法。在印刷车间进行晾纸，使纸张的湿度、温度与印刷车间的温湿度相平衡。

②强迫调湿法。先把纸张在较湿的地方加湿，然后将调整过温度湿度的空气吹到纸张上，使纸张的含水量均匀，这种方法主要用来处理纸张产生紧边的情况；也可以先把纸张在较干燥的地方除湿，然后将调整过温度湿度的空气吹到纸张上，使纸张的含水量均匀，这种方法主要用来处理纸张产生荷叶边的情况。

③晾纸机调湿法。把含水量不均匀的纸张放在晾纸间，使用晾纸机进行晾纸，直至符合印刷要求。然后闯纸、垛纸，准备上机印刷。这是最好的调湿方法。

2. 油墨的调配和加墨

在印刷时为了保证印品上的墨色尽可能与原稿的色调相符，应根据原稿的特性、类别以及印刷机的型号选择合适的油墨进行印刷。选择和调配油墨时应尽量使油墨的黏度、透明度、色调、细度、干燥性、耐酸性、抗乳化性等符合印刷质量和工艺要求。

油墨的调配量要准确，一次调配的墨量应保证一个批次产品够用，调配少了会造成同一批次产品墨色或性能不一致而影响印刷品的整体质量，调配多了会造成不必要的浪费。开机前将调配好的油墨装入墨斗，并调整上墨装置，使油墨能够均匀地传递。加墨过程如图4-11所示。

人工加墨　　　　　　　　　　　　　　自动加墨

图4-11　加墨过程

3. 印版的检查与安装

（1）印版检查。包括检查印版规格尺寸、厚薄、印版的色别、规线色标、印版叼口是否与施工单相符，网点、线画和印版表面情况是否符合印刷质量要求等。胶印印版上的网点应结实、饱满、光洁，线画不发毛、不变形，否则说明晒版质量不好，会影响印刷质量。

（2）印版的安装。将印版安装在印版滚筒上的过程叫上版。印版的安装有人工安装和自动安装之分。

印版安装是印刷前的重要步骤，正确的安装可减少试印时间。安装印版时应注意保护好印版，防止在上版过程中产生折痕和凹坑；版夹螺丝必须拧紧，以防在印刷机运转过程中脱落，使印版受损；印版下面的垫纸要垫平垫正，以免造成印版版面压力不均现象。印版安装如图4-12所示。

（a）人工快速上版

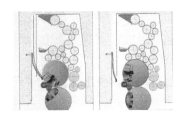

（b）印版自动安装

图4-12　印版安装示意图

4. 润版液的准备

目前使用的润版液有三种：普通润版液、酒精润版液、非离子表面活性剂润版液。

（1）普通润版液由水和无机盐组成，在印刷过程中润版液不断补充印版空白部分的水分，使版面形成均匀水膜保持印版空白部分的亲水性，一般PS版润版液pH值大约在5～6之间，润版液的酸性过强或过弱都会对印版有影响，造成印刷时出现花版或糊版现象。

（2）酒精润版液是一种既能降低润版液表面张力又能限制油墨乳化的材料，它具有较好的铺展性，可大幅度降低用水量，减少纸张的变形。

（3）非离子表面活性剂润版液与以上两种润版液相比，具有良好的润版性，能迅速降低液体表面的张力，还具有成本低、无毒、无挥发等特点。

安装有酒精润版系统的胶印机使用酒精润版液，其他胶印机多使用非离子表面活性剂润版液。

5. 印刷色序的安排

印刷色序是指在多色印刷中，将各色版依次套印在承印物上的颜色顺序。印刷色序

第四章　印刷

的安排是根据印刷机类型、油墨色调、油墨特性、印刷品要求合理确定的。一般情况下，图文少的墨色先印，图文多的后印；透明度低的油墨先印；透明度高的油墨后印；平网先印，实地后印。

单色机一般采用黄→品红→青→黑，四色机一般采用黑→青→品红→黄，双色机一般采用黑→黄、品红→青或品红→黄、黑→青的印刷色序。

（二）印刷机的调整

1．印刷压力调节

印刷压力是指在印刷过程中压印体之间相互作用的力。平版印刷是通过橡皮布滚筒的弹性变形来实现图文油墨转移的，印刷时印刷压力偏小，会造成印刷品颜色偏淡、图文残缺不全，印刷压力偏大，会造成网点扩大或者糊版，印刷压力不稳则会出现墨杠，印刷压力偏大或不稳还会降低印版耐印力，影响印刷机寿命。因此，在印刷过程中，一方面要施加一定的压力确保图文墨迹的充分转移，另一方面又要求印刷压力应尽可能小，以使网点印迹不扩展，胶印机与橡皮布接触时产生的摩擦量小，

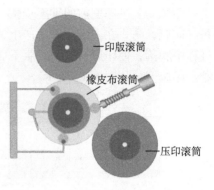

图4-13　滚筒中心距调节示意图

即需要保持理想的印刷压力。平版胶印的印刷压力来源于滚筒包衬，因此，调整印刷压力可通过调整滚筒包衬厚度和调节滚筒中心距来完成。滚筒中心距调节如图4-13所示。

2．其他方面的调节

其他方面调节包括输纸、收纸各部件调节；着水辊、着墨辊压力调节；规矩部件调节等。

（三）试印刷

印前准备工作做完后，就可以进行试印刷。试印刷的主要工作有：检查输纸、收纸是否正常；印刷压力是否适当；水墨是否平衡；墨色是否符合原稿要求；套印是否准确以及试印印刷品是否符合原稿和施工单的加工要求等内容。

（四）印刷

在正式开机前，应先用水将印版擦拭干净，再用汽油除去橡皮表面的墨迹；开机印刷时先上水，后上墨；印刷过程中，在保证印刷质量的前提下，尽可能用最小的压力和水分来印刷；要保持水墨平衡，防止水大墨大。为了保证印品墨色前后深浅一致、空白部位不脏，在印刷过程中要及时抽取印样，检查产品质量，发现问题及时解决，以获得质量良好的印刷品。

印刷结束，要清洗墨斗、橡皮布、压印滚筒等部位的油墨杂质，印版不用时要涂胶，以防氧化，对半成品、成品要妥善保管，对印刷机要进行保养，及时打扫工作场地以保证工作场地整洁畅通。

三、胶印的特点

（1）图文部分和空白部分几乎在一个平面上。印版上的图文部分和空白部分没有

明显的高低之分，几乎处于同一平面或同一半径的弧面上；印版的图文部分亲油疏水，空白部分亲水疏油。

（2）采用油（油墨）水（润湿液）不相溶原理来完成印刷。印版的非图文部分具有很好的吸附性能，印刷时，先由供水装置向印版供水，印版的非图文部分吸附水分以后，由于油、水相斥的原理而不再吸附油墨；当供墨装置向印版供墨时，由于印版的非图文部分有水的存在，油墨只能供到印版的图文部分，从而实现印版的图文部分有墨，非图文部分无墨。

（3）属于间接印刷方式。印版上的油墨首先转移到橡皮布上，再利用橡皮布滚筒与压印滚筒之间的压力，将橡皮布上的油墨转移到承印物上，完成一次印刷过程。印刷过程中印版与承印物不接触，所以，胶印是一种间接的印刷方式。

第三节　凹版印刷

【任务】掌握凹版印刷工艺原理，了解凹版印刷工艺流程及每一步骤的作用，认识凹版印刷的特点。

【分析】凹版印刷技术已经在多个领域广泛运用，通过对凹版印刷工艺和特点的学习，使同学们对凹版印刷与其他印刷方式的区别有一定的认识。

在所有印刷方式中，只有凹版印刷是完全以墨层厚薄来表现图像深浅的。凹版上印刷部分凹陷的深度越深，填墨量就越多，印刷后印刷品上的墨层就越厚，而印刷部分凹陷的深度越浅，填墨量就越少，转印的墨层就越薄。墨层厚的部位，显得图像浓暗，墨层薄的部位，显得图像明亮。由于凹印的墨层一般比较厚，凹版印刷品摸上去有微微凸起的感觉。目前，凹版印刷技术在塑料包装印刷、纸质包装印刷、转移印花、出版印刷等领域广泛使用。

现在的凹版印刷由于印刷机自动化程度高，操作简单，油墨转移到印版线路短，印刷质量稳定，所以凹版印刷的操作工艺比平版印刷操作工艺简单，也容易掌握。

一、凹版印刷工艺原理

在凹版滚筒上，印版上的图文部分低于空白部分，而空白部分高出图文部分并且处于同一半径面上。印刷时，凹版滚筒一部分浸渍在墨槽中，滚筒旋转时滚筒表面黏附油墨，当滚筒从墨槽中旋转出来时，用刮刀刮除黏附在非图文部分的油墨，图文部分的油墨则保留在滚筒的凹槽中，再通过印刷压力的作用，油墨便转移到承印物上。

图 4 – 14　凹印印刷原理示意图

凹版印刷属于直接印刷方式，其工作原理如图4-14所示。

二、凹版印刷操作工艺流程

凹版印刷操作工艺流程是：印前准备→印刷参数设定→印刷调试及控制。

（一）印前准备

印前准备的主要内容有：根据印刷工艺施工单准备印刷材料、调试机器、安装凹版滚筒等。

1. 装料和穿料

料是指承印物。先在放卷轴上居中位置装好承印物，再将承印物从各色组凹版滚筒和压印滚筒中间穿过，应避免错穿和漏穿。

2. 调墨及溶剂准备

应根据工艺施工单选用相应的凹印油墨。在凹版印刷中常常会用到一些专色油墨，而专色油墨一般都由工厂自行调配，调配后要做一个专色小样，并进行刮样实验。凹版印刷所用的溶剂是油墨的重要组成部分，其挥发速度会影响油墨层的干燥和印刷质量。在使用溶剂时，应根据印刷机的速度、印刷图案的大小、承印材料的特性、油墨干燥温度等因素对所使用的溶剂进行适当调整，以达到良好的印刷效果。

3. 墨槽和刮墨刀

墨槽是凹印机存放油墨的装置。使用前后，应尽量把墨槽清洗干净，避免陈旧油墨对新油墨的污染。刮墨刀为一种弹性钢片，一般刮墨刀的厚度有 0.1mm、0.15mm、0.2mm、0.25mm 几种，安装前必须清洁支撑刀片和刀槽，防止墨块影响刮墨刀安装的平整度。刮墨刀结构如图 4-15 所示。

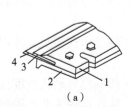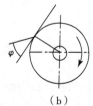

（a） （b）

图 4-15 刮墨刀的结构

1—上刀座；2—下刀座；3—垫片；4—刮墨刀

4. 检查、安装印版滚筒

安装前，要仔细校对印版滚筒的版号，防止装错印版；检查印版表面是否有碰伤、划伤等；根据套色次序正确装好印版滚筒，并仔细清洗印版滚筒。

（二）印刷参数的设定

在印刷前，应根据产品的工艺要求，在印刷机上设定一系列印刷参数。

1. 干燥温度

干燥温度的设定是为了使油墨在印刷后快速挥发，达到干燥的目的。温度过高容易引起承印物变形，温度过低将使油墨干燥不彻底，引起油墨反粘。在实际印刷中，应根据承印物的耐热性设定合适的干燥温度。

2．张力

一般凹版印刷机有 4 段张力控制：放卷张力、进给张力、牵引张力、收卷张力。它们共同控制承印物在印刷过程中的稳定运行。张力越稳定，承印物在机组间的运行就越稳定，套色的精度也越有保证。张力大小应根据承印物的宽度、厚度及拉伸变形特性来设定。

3．压印滚筒与印版滚筒的压力

根据承印物材料的厚度设定适合的压力。一般承印物厚度越大，印刷压力也要求越大。

4．印版滚筒周长和压印滚筒直径

根据印刷工艺施工单设定正确的印版滚筒周长和压印滚筒直径，并进行纠偏丝杆的初期套准。

5．各色组平衡辊位置

各色组平衡辊是为调整印版间图案不平行而设置的，防止因不平行而影响套准。

（三）印刷调试及控制

准备工作完成后，进行印刷的调试。

（1）打开烘箱加热开关，并运行印版滚筒。

（2）启动油墨泵，向墨槽中上墨。凹印集中供墨系统如图 4-16 所示。

图 4-16 凹印集中供墨系统

（3）调节传墨辊，向印版滚筒传墨。

（4）调节好各色组刮墨刀，并压下刮墨刀。

（5）干燥温度达到标准后，开机并低速运转承印材料。

（6）从第一色组开始，逐次压下压印滚筒。

（7）调整各色组扫描头，增加速度，调节自动套准装置，校对十字线，调节各组平衡辊。

（8）待套色稳定后与标准样校对，看是否存在误差，调节套色装置直到套准为止。

（9）以正常速度开机，调整颜色使之符合标准样（称之为追标准样），追样完成后，测量各色油墨的黏度，并以此为标准进行印刷。

（10）正常印刷生产。

在生产过程中，通过监视器对产品质量检查的同时对油墨黏度、张力、各色组干燥温度、压印滚筒压力、刮墨刀压力和冷却辊、冷却水温度做好监控，以防出现产品质量问题。凹版印刷质量检测系统如图 4-17、图 4-18 所示。

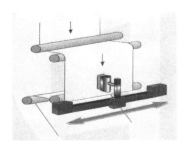

图 4-17 凹印质量检测同步控制

三、凹版印刷的特点

（1）墨层厚，层次丰富，色彩鲜艳。

（2）耐印力高，相对成本低。凹印版的整个版面是一层坚硬的金属铬层，虽然印刷时刮刀与版面不断接触，但仍具有较高的耐印力，一般可达几百万印。所以，虽然凹版滚筒的制作成本较高，但对于大印量的活件来讲，相对成本并不高。

图4–18　凹印主控制台

（3）适合连续图案的印刷。由于凹版是直接制作在滚筒体上，并且印刷时采用圆压圆的方式，所以只要滚筒上的图案做到无缝拼接，就能在承印物上得到连续的图案。

（4）既可在纸张上印刷，又可在薄膜、铝箔、转印纸等其他材料上印刷，适用范围广。

（5）制版周期长，制版费用高，小批量印刷不经济。

第四节　孔版印刷

【任务】掌握丝网印刷工艺原理，了解丝网印刷工艺流程及每一步骤的作用，认识丝网印刷的特点。

【分析】丝网印刷作为一种具有很大的灵活性和广泛适用性的印刷技术，应用非常广泛。通过这一节的学习，使同学们对丝网印刷有一定的认识。

丝网印刷是孔版印刷中应用最广泛的印刷方法，印刷线路板、陶瓷贴花、纺织印染、包装装潢、广告招贴等都大量采用丝网印刷（如图4–19所示）。下面我们介绍丝网印刷工艺。

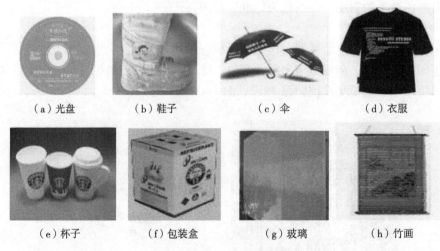

（a）光盘　　　　（b）鞋子　　　　（c）伞　　　　（d）衣服

（e）杯子　　　　（f）包装盒　　　　（g）玻璃　　　　（h）竹画

图4–19　丝网印刷产品

一、丝网印刷工艺原理

丝网印版的图文是由大小相同但数量不等的网眼组成。印刷时，印版上非图文部分的网孔被堵死，不能透过油墨，在承印物上形成空白；印版上图文部分的网孔不封闭，印刷时，在压力的作用下，油墨透过网眼印到承印物的表面，在承印物上形成所需的图文印迹，完成印刷过程。

丝网印刷属于直接印刷方式，其工作原理如图4-20所示。

二、丝网印刷工艺操作流程

丝网印刷机及丝网印刷过程如图4-21、图4-22、图4-23所示。

丝网印刷时有平面和曲面之分，下面以平面丝网印刷为例介绍丝网印刷工艺过程。

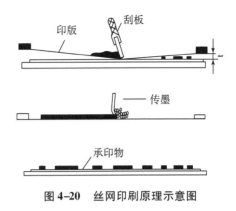

图4-20 丝网印刷原理示意图

图4-21 丝网印刷机

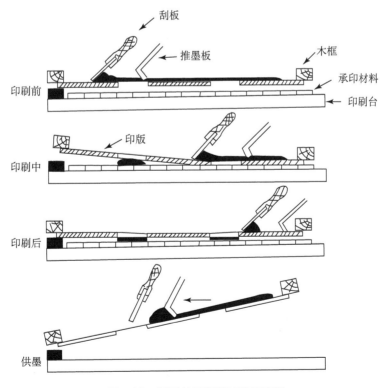

图4-22 平面丝网印刷过程示意图

平面丝网印刷的工艺过程：印刷准备→刮墨板及油墨调整→丝网版的安装与定位→印刷→印品干燥。

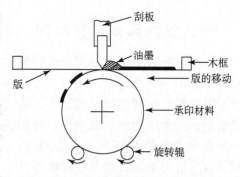

图4-23　曲面丝网印刷过程示意图

（一）印前准备

丝网印前准备是必不可少的一个环节，准备情况的好坏直接关系印品质量。印前准备主要包括：丝网印版的制作（已在第三章介绍）、印刷材料准备、车间环境清洁、车间温度和湿度调节等环节。

（二）刮墨板及油墨调配

1. 刮墨板

刮墨板是用来刮挤网版上的油墨，使油墨漏印在承印物上的一种工具。依照刮板用途不同可分为机用刮板和手用刮板，手用刮板和机用刮板如图4-24、图4-25所示。

图4-24　手用刮板

刮墨板的材质是由天然橡胶、硅橡胶等制作成的，它们具有良好的弹性、耐磨性。当油墨确定以后，应选择具有较好耐油墨溶剂的刮墨板，以避免油墨溶剂对刮墨板的腐蚀。在印刷时应根据油墨溶剂的类型选择不同材质的刮墨板，根据承印物的形状选择刮墨板的形状，根据所要求的墨层厚度，调整刮墨板的刮印角度。刮墨板的形状有直角形、尖圆角形、斜角形等。所谓刮印角是指在刮

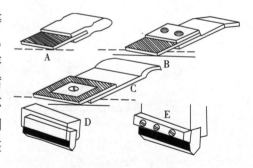

图4-25　机用刮板

墨板刮印的前进方向上，刮墨板与网印版之间的夹角。刮印角度越大，漏墨量越少；刮印角度越小，漏墨量越大。一般情况下，平面承印物刮印角度为20°～70°，曲面承印物刮印角度为30°～50°。刮板的操作方法如图4-26所示，刮板的仰角如图4-27所示。

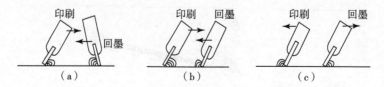

（a）　　　　　　　（b）　　　　　　　（c）

图4-26　刮板的操作方法

2. 调配油墨

根据承印物的种类和印刷要求，选择适用的油墨，重点是调色、调黏度、调干燥

度。调色就是调整各种色料在黏合剂中的比例和数量，避免印刷时偏色。调黏度就是调整加入油墨中的溶剂的比例，黏度过大，印迹缺墨；黏度过小，印迹扩大。调干燥度是因为油墨的干燥度影响印刷速度和印刷质量，干燥过慢，易产生粘页、蹭脏等现象；干燥过快，印刷速度低时，易产生结网、拉丝、皱皮等问题。调配油墨的调拌方法有手工调拌法和机械搅拌法，其目的都是为了使油墨达到印刷要求的黏度和印刷适性，油墨搅拌机如图 4-28 所示。

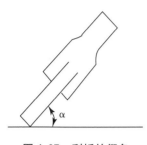

图 4-27　刮板的仰角

图 4-28　油墨搅拌机

（三）网印版安装与承印物定位

1. 网印版安装

手动网印机的印版一般用合页固定在台上（如图 4-29 所示），呈扇形张开，然后确定印版面与印版台水平位置（如图 4-30 所示），将印版位置确定后，在工作台上装定

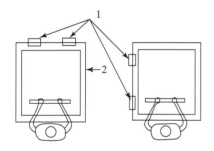

图 4-29　手动丝网印刷机印版安装方法
1—合页；2—版框

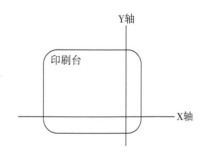

图 4-30　印版安装位置的确定

位块，调整丝网印版下平面与承印物的平行度，并确定丝网印版和承印物的间隙（如图 4-31、图 4-32 所示）。网距的大小，对印刷质量影响很大：网距过小，刮墨板通过后不利于网版脱离承印物表面，容易产生渗透和粘版现象，使图文线画变粗，网点变大，甚至脏版；网距过大，网版因弹性疲劳而松弛，影响图文精度，甚至损坏印版。因此，应保证印版与承印物之间在压印时处于线接触状态的前提下尽量减小网距。一般情况下网距为 3~5mm 为宜。

2. 承印物定位

丝网印刷有两种方式：一种是网版固定，承印物移动；另一种是承印物固定，网版移动，又叫跑版，多用于织物印刷。前者印刷时用挡规定位，后者网版采用定位销定位。

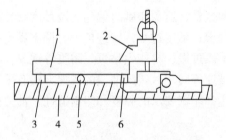
图4-31 印版与承印物之间间隙调整
1—印版；2—夹框器；3—垫块；4—印刷台；
5—塞规；6—垫块

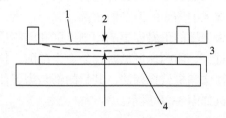
图4-32 丝网印版的垂度
1—印版；2—垂度；3—间隙；4—承印物

（1）挡规定位。挡规定位是承印物定位时，把用于制版的正确原稿附在承印物正确位置上，与承印物一起在印刷台的上面移动，使原稿的图像与印版的图像位置完全一致，然后在承印物两边贴与承印物同样厚度的小金属片或塑料片，作为挡规，从而达到定位的目的。挡规的定位方法及挡规形式如图4-33、图4-34所示。

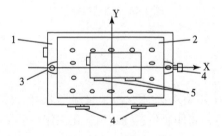
图4-33 半自动丝网印刷机定位规矩
1—印刷工作台；2—吸盘工作台；3—固定螺丝；
4—调整螺丝；5—挡规

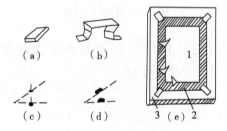
图4-34 各种形式的挡规
1—承印物；2—定位片；3—印刷台

（2）定位销定位法。对于软质、易变形及多孔的承印物，不能用挡规定位法，所以，必须将承印物用粘贴法固定在印刷台上，印刷时移动网版逐件印刷，网版上的定位销靠在导轨内侧，网版上的接触片依靠导轨上的翼形夹达到网版定位目的。如图4-35所示。

（四）印刷

在进行印刷时，首先要进行试印。试印时，

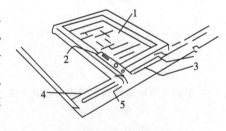
图4-35 跑版定位法
1—印版；2—接触片；3—可调定位销；
4—导轨；5—翼型夹

将刮墨板放下，待刮墨板将触及丝网版平面时使刮墨板边缘继续放下，直至印出墨迹。根据试印的结果，调整各个变量，直到得到满意的印刷品，便可以开始正式印刷。影响印刷质量的因素很多，除了网距、刮印角、油墨黏度外，还有印刷压力和印刷速度。印刷压力是指刮墨板对网版施加的压向承印物面的力。压力过小，油墨不能完全透过，造成墨层较薄，甚至印迹缺墨；压力过大，易造成网版松弛，影响印刷精度，丝网印版印刷状态如图4-36所示。刮印速度是指在印刷过程中刮墨板的移动速度。刮印速度和出墨量成反比。因此，细线条宜用较快的速度，要求墨层厚的印刷品刮印速度应慢一些。

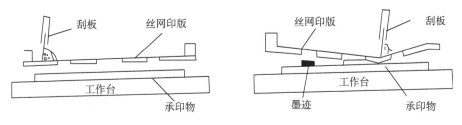

图 4-36　丝网印版印刷前和印刷中的状态

（五）干燥

干燥方法有很多，通常采用自然干燥、加热干燥、电子束照射干燥、微波干燥、紫外线干燥、红外线干燥等，在实际生产中采用哪种干燥方式是根据油墨、设备、场地等情况来确定的。

吊式干燥装置适用于加热后容易产生变形的承印物，以及大型无法进入干燥机的承印物。如图 4-37 所示。

晾晒架用途较广，一般有 50 层，有时还可以从侧面送风加快干燥速度。如图 4-38 所示。

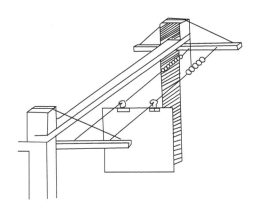

图 4-37　吊式干燥架

图 4-38　晾晒架

传送带干燥机是把远红外线或近红外线安装在机器内部，传送带在上面或下面进行移动的干燥装置，由于是辐射加热，可在数秒钟内使油墨干燥。如图 4-39 所示。

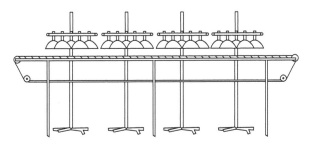

图 4-39　传送带干燥机

紫外线干燥机是由紫外线灯和冷却装置组成，承印物由传送带传送，在数秒钟内可以使印品干燥。如图 4-40 所示。

三、丝网印刷的特点

（1）印版柔软，印刷压力小。丝网印版柔软且富有弹性，不仅能在纸张、纺织品等上印刷，还可以在玻璃、陶瓷等易碎物上进行印刷。

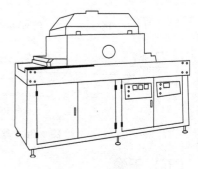

图 4-40 紫外线干燥机

（2）不受承印物大小和形状的限制。一般印刷方法只能在平面上，而丝网还能在软、硬质材料和特殊形状的圆柱、圆锥体等物体上进行印刷，也可进行大面积的印刷，因此丝印具有很大的灵活性和广泛适用性。

（3）墨层厚，遮盖力强，图文层次丰富，立体感强。可通过调节刮墨板的形状、印刷压力和着墨角度、印刷速度、丝网直径大小等因素使墨层变厚或变薄。

（4）适用各种类型的油墨印刷。任何一种油墨，只要能透过丝网网孔细度都可以在丝网上进行印刷，甚至某些浆料、油漆等；不仅能印单色，还可进行套色和彩色印刷。

（5）印刷方式灵活多样。丝网印刷同样可进行大规模生产，同时又具备其他印刷方式所无法比拟的优势，如设备简单，制版方便，价格便宜，技术易于掌握。目前，丝网印刷也在向多色、高速、自动化、数字化方向发展。

（6）印版耐印力低，印刷速度慢，复制彩色时的还原性差。因此，一般多用于成型物品表面的印刷，如标牌、仪表、线路牌等。

习　题

1. 为什么柔性版在贴版之前要进行裁切？

2. 柔性版印刷适合印刷哪些产品？在印刷操作过程中应注意哪些事项？

3. 在印刷前为什么要对纸张进行调湿处理？不调湿可以吗？

4. 为什么一般情况下平版胶印时一定要有水参与？这种水是什么水？

5. 平版胶印机印刷时为什么要合压？它是利用哪个滚筒来离合压的？

6. 请列举出你所见过的凹版印刷产品？

7. 凹版印刷有水参与吗？为什么？

8. 凹版印刷机的印版滚筒是随印刷产品品种的变化而更换的吗？为什么？

9. 凹版印刷有时印出的印刷品与实际要求的尺寸不一致，应从哪几个方面分析原因？

10. 为什么说丝网印刷的应用范围十分广泛？

11. 为什么丝网印刷在绷网后要使丝网产生一定的张力？

12. 丝网印刷的定位，除了书中列举的几种方法，思考一下还有其他方法吗？请举例说明。

13. 如果用全手工制作奥运五环标志丝网印刷品，那么它的制作工艺流程是什么？

14. 丝网印刷常见故障有哪些？分析其产生的原因？

15. 在四大常规印刷方式中，哪种印刷墨层最厚？哪种最薄？为什么？

16. 四大常规印刷方式之间最根本的区别是什么？

第五章

印后加工

应知要点：

1. 了解印后加工的概念和内容。
2. 了解装订的方法和特点。
3. 了解印刷品表面整饰的常用方法、各自的作用、使用的产品范围及设备名称。

应会要点：

1. 理解平装的种类、特点，并掌握其工艺过程。
2. 了解精、平装的主要区别，掌握精装书的特有工艺过程。
3. 掌握常用表面整饰方法的特点及其工艺过程。

我们知道，印刷厂使用的印刷机多为对开或四开机，因而使用的纸张就是对开或四开纸，所以，印刷后得到的产品也是对开或四开。例如，我们印一本十六开书籍或一个八开的包装盒，印刷后得到的产品如图 5-1 所示。

（a）书刊半成品（对开印刷单页）　　（b）四开包装印刷半成品

图 5-1　印刷后得到的产品

印刷工序完成之后，我们得到的印刷品并不是所要的产品，还需要进一步加工，才能得到所需要的书和包装盒。

我们把使印刷品获得所要求的形状和使用性能的生产工序，称为印后加工。印后加工主要包括书刊的装订、印刷品的表面整饰及成型加工。

第一节　装订工艺

【任务】了解书刊装订的主要方法、使用的主要设备，理解精、平装的特点并掌握其工艺过程。

【分析】通过实物认识各种装订方法，比较其特点，进而认识精、平装书的加工工艺。

请同学们看下面的照片（见图5-2），印刷好的书页怎样才能成书呢？

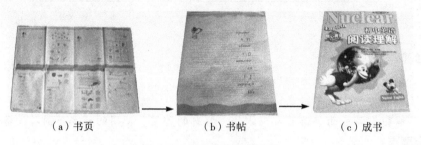

（a）书页　　　　　　（b）书帖　　　　　　（c）成书

图5-2　书刊半成品和成品

首先，将印好的对开或四开书页进行折页，折成十六开或三十二开的书帖，然后利用多种订联方法加工成册，就成为我们所需要的十六开或三十二开本的书籍了。

我们将印好的书页、书帖加工成册，或将单据、票据等整理配套，订成册本的印后加工过程，统称为装订。

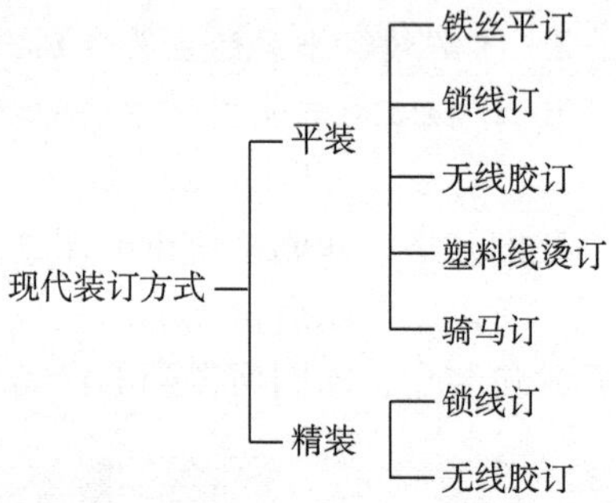

本节重点介绍书刊的装订，包括订和装两大工序。订就是将书页订成本，是书芯的加工，装是书籍封面的加工，就是装帧。

书刊装订分为平装、精装等加工方法，如图5-3所示。

现代装订方式
- 平装
  - 铁丝平订
  - 锁线订
  - 无线胶订
  - 塑料线烫订
  - 骑马订
- 精装
  - 锁线订
  - 无线胶订

图5-3　书刊装订分类

一、平装工艺

（一）平装的定义

平装是书籍常用的一种以纸质软封皮为特征的装订方式。平装加工分为封皮加工和书芯加工。

（二）平装工艺流程

平装工艺流程为：印刷页→裁切→折页→配页→订书→包封面→三面裁切→检查、包装。

1. 闯页裁切

印刷好的大幅面书页闯齐后，有的需用单面切纸机裁切成符合折页工艺要求及尺寸规格后才能进行折页，有的印刷书页不需要裁切便可直接进行折页。

2．折页

将印好的大幅书页，按照一定的折页方式和开本的大小折叠成书帖的过程叫折页。

折页方式大致分为三种：①垂直交叉折页法。书页相邻两折缝相互垂直并交叉，如图5-4所示；②平行折页法。书页相邻两折的折缝互为平行，如图5-5所示；③混合折页法，又称综合折页法。在同帖书页中各折的折缝既有垂直又有平行，如图5-6所示。

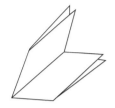 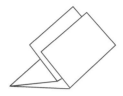 

图 5-4　垂直交叉折页法　　　图 5-5　平行折页法　　　图 5-6　混合折页法

折页有手工折页和机械折页，目前多采用机械折页。折页机分以下三种：

（1）刀式折页机。刀式折页机的折页机构是采用折刀将纸张压入不断相向旋转的两折页辊之间，由于折页辊的转动使纸张完成一次折叠过程，如图5-7所示。

（2）栅栏式折页机。这种折页机使运动的纸张通过折页辊沿着栅栏往前运动直至挡板，在栅栏中撞击挡板而弯曲，靠折页辊的摩擦作用，纸张被折叠，如图5-8所示。

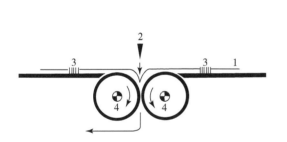 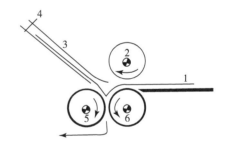

图 5-7　刀式折页过程原理图　　　　　图 5-8　栅栏式折页过程原理图

1—纸张；2—折页刀；3—定位挡板；4—折页辊　　1—纸张；2、5、6—辊；3—栅栏口袋；4—定位挡板

（3）栅刀混合式折页机。同一台折页机的折页机械既有刀式又有栅栏式，二者共同配合完成折页的动作，如图5-9所示。

图 5-9　栅刀混合式折页机

第五章　印后加工

3. 配页

把一本书所有折好的书帖按页码顺序配成册的过程叫配页。

（1）配页方法。一种是套帖式配页法，另一种是叠帖式配页法。

套帖法的特点是将一个书帖按页码顺序套在另一个书帖的里面（或外面）成为书芯，供订成书籍。采用骑马订方式装订的书通常采用这种配页方式。

叠帖法的特点是将各个书帖，按页码顺序一帖一帖地叠加在一起成为书芯，供订成书籍。平订的配页方式就是如此。配页通常由自动配页机（见图5-10）完成，叠帖法如图5-11所示。

图5-10　全自动配页机

（2）帖标的使用。为了防止配帖出错，印刷时在每一印张的帖脊处，印上一个黑色的小方块，称为帖标。配帖以后的书芯，在书脊处形成阶梯状的标记。如图5-12所示，检查时，只要发现帖标不成顺序，即可发现并纠正配帖的错误。

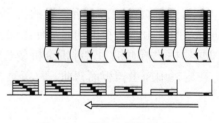

图5-11　叠帖法配页示意图

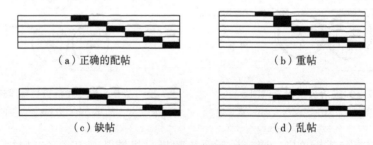

（a）正确的配帖　　　　　　（b）重帖

（c）缺帖　　　　　　（d）乱帖

图5-12　配帖后的帖标示意图

4. 订书芯

把书芯的各个书帖，用某种方法牢固地连接起来，这一工艺过程叫做订书芯。常用的方法有铁丝订、锁线订、无线胶订、塑料线烫订等。

（1）铁丝平订。铁丝平订是铁丝订的一种订联方式，用铁丝订书机，将配好的书芯，在靠近书脊的订口处，用铁丝穿过书芯，在书芯背面弯折订牢的方法，如图5-13所示。

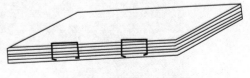

图5-13　铁丝平订示意图

铁丝平订一般用于装订较厚的书刊、杂志，它对装订的书帖有较宽的选择性。

（2）锁线订。将已经配好的书芯，按顺序用线一帖一帖沿折缝串联起来，并相互锁紧，这种装订方法称为锁线订，如图5-14所示。

锁线订有手工和机械两种装订方法。目前制作精装书籍和穿线平装书籍，都是采用机械锁线订书的方法。锁线机如图5-15所示。

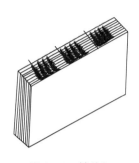 

图 5-14　锁线订　　　　　　　　　　图 5-15　锁线机

（3）无线胶订。是指把书帖或书页完全靠胶黏剂沿订口相互粘接为一体的装订方法。它的特点是以"粘"代"订"，用各种胶黏材料将书芯的每一页沿订口相互粘接为一体。

无线胶黏装订的方法很多，根据铣背的形式不同，一般可分为单张胶黏装订法、铣背锯槽胶黏法和铣背打毛胶黏法等。如图5-16所示。

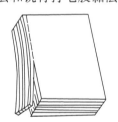 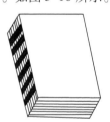 

（a）切铣成平背　　　　（b）铣成沟槽　　　　（c）铣成毛状

图 5-16　铣背形式

用于粘接或固定书页的胶黏材料，常用的是 EVA 热熔胶（聚乙烯醋酸乙烯酯）等，也有用白胶（主要是聚醋酸乙烯酯乳液）。

近年来印刷数量较大的书籍普遍采用胶订方法，尤其是无线胶订联动机的广泛应用，使订书时间大大缩短，成倍地提高了生产效率。无线胶订联动机能够连续完成配页、闯齐、铣背、锯槽、打毛、刷胶、封面加工、包封面、刮背成型、三面切书等工序，自动化程度很高。如图5-17、图5-18所示。

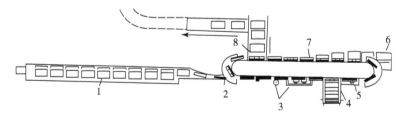

图 5-17　无线胶订联动线工作过程示意图

1—配页部分；2—进本部分；3—夹紧铣背刷第一遍胶部分；4—粘卡纸部分；
5—二次刷胶部分；6—输封面上封面部分；7—夹紧成型部分；8—出本部分

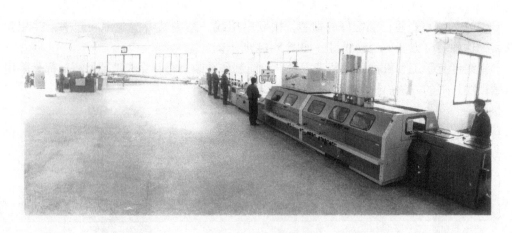

图5-18　全自动胶装联动机

（4）塑料线烫订。用塑料线与纱线混合线连接书帖形成外订脚，经加热后使线熔融将各帖连接的装订工艺。它是综合骑马订、锁线订、无线胶订技术而形成的新工艺，特点是既订又折，既适用平装书又适用于精装书。

塑料线烫订的基本工艺过程是：在折页机进行最后一折之前，在每一书帖的最后一折折缝里面向外穿出一根特制的塑料线，使塑料线的两端形成订脚，在订脚处加热，使塑料线熔融，并沿折缝与书帖背脊黏合，然后进行最后一折的折页，成为塑料线烫订书帖。经配页后，用无线胶订的方法，将每个书帖连成书芯。塑料线烫订有间歇式和连续式两种。

（5）骑马订。骑马订是铁丝订的一种，是用金属丝从书帖折缝中穿订的装订方法。也就是将用套帖法配好的书芯同封面一起，在书脊上用铁丝扣订牢成书刊。骑马订基本工艺过程是：配页——骑马订——裁切。

国内大型印刷厂已经广泛采用骑马订联动生产线。由搭页、骑马订、骑马三面裁切机构组成，并带有质量检测控制、废页剔除、成品堆积计数和安全装置等，如图5-19所示。

图5-19　骑马订联动生产线

采用骑马订装订书刊，工艺流程短、出书快、成本低，但装订时书芯不宜太厚，而且铁丝易生锈、牢度低，不易保存。骑马订装广泛应用于期刊、画报、练习簿等印刷品的装订。

5．包封面

印刷好的封面需要根据成书的开本大小进行裁切，还要根据书脊宽度进行压痕处理，再将其通过胶黏的方式与书芯结合到一起压平干燥。书芯包上封面后，便成为平装书籍的毛本。

按封皮的包裹形式一般分为"有勒口"和"没有勒口"两种。如图5-20所示。

封皮一般采用质量较好的纸张印制，高档书籍也有采用绸缎、人造革等作为封皮材料。

6. 三面裁切

无论采用何种装订方式，都要进行裁切，才能成为成品书。裁切就是将毛书的天头、地脚和切口的毛边切去，将各书页分开，同时使得书的三个边整齐光洁。现在一般都在三面切书机上裁切，如图5-21所示。

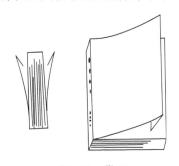

图5-20 勒口

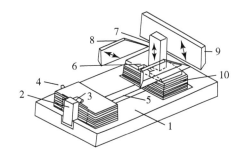

图5-21 三面切书机工作示意图

1—工作台板；2—靠板规矩；3—夹板；4—侧规；
5—输送轨道；6—压书板；7—千斤；8—侧刀；9—门刀；10—书册

7. 检查、包装

书切好后，逐本检查，防止不符合质量要求的书刊出厂，然后打包，便于储存、运输。

二、精装工艺

精装是一种以装潢讲究和耐折、耐保存的装饰材料作封面为特征的精致的书籍装订方式。主要用于经典之作、精美画册或经常翻阅的工具书等高级书籍。

（一）精装书与平装书加工的区别

两者的区别主要在于精装书的书芯和封面都是通过精致造型加工的。精装书一般以纸板作为书壳，其面层用纸、布、漆布等材料，经烫印彩色文字或图案后做成硬质封面。书芯经过加工后，书背为圆弧形或平直形，硬质封面和书芯两者套合，构成造型美观、挺括坚实、翻阅方便的精装书籍，如图5-22所示。

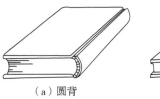

（a）圆背

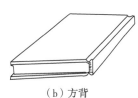

（b）方背

图5-22 精装书

（二）精装工艺过程

精装一般分为书芯的加工、书壳的制作以及套合（上书壳）三个工序。

1. 书芯加工

书芯制作的前一部分和平装书装订工艺相同，包括：折页、配页、锁线等。在完成上述工作之后，就要进行精装书芯特有的加工过程。

书芯加工工序主要有：压平、刷胶、裁切、扒圆、起脊、贴脊等。

首先在专用的压书机上进行压平，使书芯结实、平服，以便提高书籍的装订质量。然后在压平后的书芯书背处刷一层稀薄胶料，以使书芯初步固定，在下道工序加工时，书帖不发生相互移动。对刷胶基本干燥的书芯，按一定规格尺寸裁切成为光本书芯，以备上书壳。

用人工或机械方法把书芯背脊部分处理成圆弧形的工艺过程称为扒圆。扒圆以后，整本书的书帖能互相错开，便于翻阅，提高了书芯的平整度，这是圆背书特有的工序，如图5-23所示。

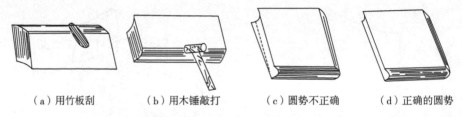

（a）用竹板刮　　（b）用木锤敲打　　（c）圆势不正确　　（d）正确的圆势

图5-23　手工扒圆的书芯

扒圆后，由人工或机械把书芯用夹板夹紧压实，在书芯正反两面接近书脊与环衬连线的边缘处，压出一条凸痕，使书脊略向外鼓起，这叫起脊。起脊高度与书壳硬纸板厚度相同。起脊的作用是为了防止扒圆后的书芯回圆变形，如图5-24、图5-25所示。

在经过扒圆、起脊后的书芯的背脊上粘贴堵头布、纱布、书脊纸、书签带，称为贴脊，如图5-26所示。

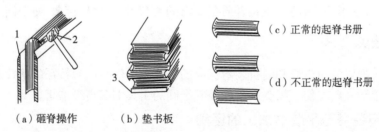

（a）砸脊操作　　（b）垫书板

（c）正常的起脊书册

（d）不正常的起脊书册

图5-24　手工起脊

1—起脊架夹书楔板；2—木制敲锤；3—起脊后垫书板

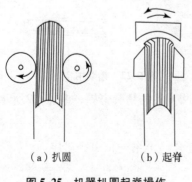

（a）扒圆　　（b）起脊

图5-25　机器扒圆起脊操作

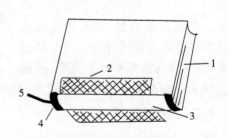

图5-26　精装书芯帖脊

1—书芯；2—书背纱布；3—书背纸；
4—堵头布；5—书签丝带

加工好的书芯有 3 种形式：方背、圆背无脊、圆背有脊，如图 5-27 所示。

图 5-27　书芯的形式

2．书壳制作

书壳是精装书的封面，既起着装饰作用，也是为了保护书籍使其具有完好的使用性。

（1）书壳的结构。精装书壳是由软质裱层材料、里层材料和中径纸三部分组成，如图 5-28 所示。常用的裱层材料有绸缎、人造革、漆布、塑料纸，各种织物及纸张等。里层材料，即组成前、后封的材料，多采用纸板。中径纸用厚纸或纸板。

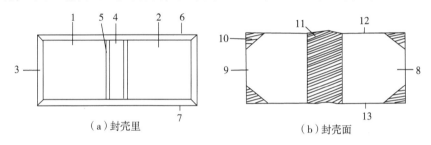

（a）封壳里　　　　　　　　　　（b）封壳面

图 5-28　书壳结构

1—封面；2—封三；3—包边；4—中径；5—中缝；6、12—天头；7—地脚；

8—封一；9—封四；10—包角；11—中腰；13—地脚

（2）制作书壳。根据不同的开本及书芯厚度，将裁好的纸板、封面裱装材料及中径纸，按一定规格黏合在一起的工艺过程称为制书壳。书壳的制作可以采用手工加工（见图5-29），也可以采用机器制书壳。

书壳制好后，在前、后封和背脊上，根据设计要求及制作书壳所采用的裱层材料，可以采用烫印、压凹凸或印刷的方法将书名和美术图案印上。

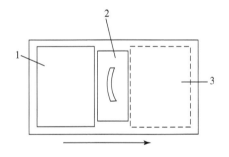

图 5-29　手工制壳操作

1—第一块纸板；2—中径规矩板；3—第二块纸板

3．裱合

把书壳和书芯粘在一起的工艺过程叫做裱合，也叫上书壳。在书芯的前后衬页上分别涂抹冷胶（白乳胶），或使用骨胶，然后将书芯放在书壳的规定位置，并使书壳与书芯牢固地粘在一起。这个过程可以手工完成，也可用机器上书壳。

上壳后，需要压槽的书，还要经过压脊线机，在前封和后封靠近背脊的一边压出一条凹槽。然后再给封面加压，使衬纸和封面完全黏合，将书定型。精装书联动生产线是将书芯的扒圆、起脊、上书壳等工作在生产线上一次完成，其主要过程是：进书装置→扒圆→起脊→输送翻转机→第一次刷胶→贴纱布→第二次刷胶→贴书背纸和堵头布→打毛→皮带运输机→上书壳→压槽成型（见图5-30）。

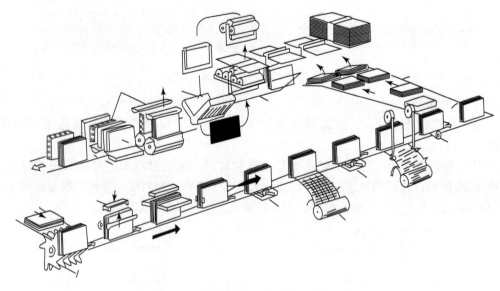

图5-30　精装书联动生产线流程示意图

第二节　表面整饰及成型加工

【任务】了解表面整饰及成型加工的常用方法、作用及使用的设备，掌握加工工艺特点和工艺过程。

【分析】通过对各种表面整饰及成型加工方法的学习，理解在印后加工上的作用与意义，初步掌握各种表面整饰及成型加工的加工方法。

图5-31书的封面上覆盖着一层塑料薄膜；图5-32的文字图案金光闪闪，并有凸起的立体感；图5-33是印刷后的包装盒。

图5-31　覆膜

图5-32　烫箔

图5-33　模切

这些在书籍封皮或其他印刷品上进行上光、覆膜、烫箔、压凸或其他装饰加工处理，叫做表面整饰加工。表面整饰加工不仅提高了印刷品的美感和艺术效果，也增强了印刷品表面的耐光、耐水、耐热、耐折、耐磨、耐化学性，具有保护印刷品的作用。

成型加工是商标、瓶贴、标签，特别是包装容器类印刷品最常用的印后加工工艺。

一、上光

在印刷品表面涂印一层无色透明上光材料，干燥后起保护印刷品及增加印刷品光泽的作用。一般书籍封面、图片、挂历、商标、高级包装纸盒等印刷品的表面经常进行上光处理。

（一）上光涂料

上光涂料种类很多，但都是由主剂、助剂和溶剂组成。主剂是上光涂料中的成膜物质，助剂用来改善上光涂料的理化性能和加工特性，溶剂用于分散、溶解主剂和助剂。

上光涂料应具备：无色无味、透明、无污染、黏着力强、流平性好、固化快等特性。干燥成膜后应具有良好的耐磨性、耐酸碱溶剂性、柔弹性以及防潮、耐光、耐热、耐寒性能。

上光涂料以干燥形式分为氧化聚合型、溶剂挥发型、光固化型、热固化型等。

（二）上光工艺

印刷品的上光，一般包括上光涂料的涂布和压光。

1. 上光涂料的涂布

有三种涂布方式：

（1）喷刷涂布上光。一般为手工操作，适用于表面粗糙或凸凹不平的印刷品。

（2）印刷涂布。在已经全部完成印刷过程的印刷品表面，采用实地印版，按照上光印刷品的要求，印刷一次或多次上光涂料，使印刷品表面均匀黏结一层光亮的薄膜层。这种上光涂布就像印刷实地一样，只是将油墨换成了上光涂料。

（3）专用上光机涂布。目前使用的上光机有两种类型：一种是普通上光机，一种是 UV 上光机。一般都由印刷品输入装置、涂布装置、烘干装置、收纸装置等几部分组成，如图 5-34、图 5-35 所示。上光机涂布适用于各种类型上光涂料的涂布加工，能够精确地控制涂布量，涂布质量稳定，适合各种档次印刷品的上光涂布加工。

图 5-34　上光机

联机上光是将上光机组连接于印刷机组，当完成印刷后，立即进入上光机组上光。联机的特点是速度快、效率高，减少了印刷品的搬运，加工成本低。

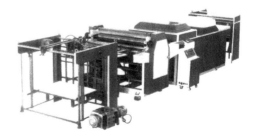

2. 压光

涂布于印刷品表面的上光涂料干燥

图 5-35　UV 局部上光机

后,利用压光机压光,提高上光涂层的平滑度和光泽度的过程叫做压光。许多精细的印刷品,上光涂布后,需要进行压光处理,以改变上光膜层的表面状态,形成理想的镜面。压光机是上光涂布机的配套设备,专供上光涂布后的各类印刷品压光之用,如图 5-36 所示。

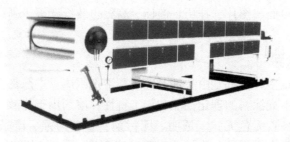

图 5-36　纸面压光机

压光机通常为连续滚压式结构,压光过程中印刷品由输纸台输入到加热辊和加压辊之间的压光带,在一定的温度和压力的作用下,涂层在压光带表面被压光。

二、覆膜

以透明塑料薄膜通过热压覆贴到印刷品表面,以增加印刷品光泽度并起保护作用的一种表面整饰工艺,称为覆膜。由于它的诸多优点,被广泛应用于各类包装装潢印刷品,以及书刊、挂历、地图、手提袋等印刷品。覆膜工艺使用的设备称为覆膜机,如图 5-37、图 5-38 所示。

图 5-37　全自动干湿覆膜机

图 5-38　双面覆膜机

(一) 覆膜材料

1. 薄膜

覆膜所选用的薄膜材料主要有聚丙烯(PP)、聚乙烯(PE)、聚酯(PET)等,目前广泛应用的是双向拉伸聚丙烯(BOPP)薄膜。

2. 黏合剂

黏合剂也叫胶黏剂,俗称胶液,有溶剂型、醇溶型、水溶型等类型。目前多采用橡胶树脂溶剂型和丙烯酸酯类溶剂型黏合剂,而从发展的方向看,应采用水溶型和醇、水混合剂型黏合剂,因为它无毒、无味、无污染,而且运输、储存方便、价格适中。

(二) 覆膜工艺

按黏合剂涂布与裱合的方式不同,可分为即涂覆膜和预涂覆膜。

印
刷
概
论

1. 即涂覆膜工艺

即涂覆膜工艺是在塑料薄膜上涂布黏合剂后，立即与纸印刷品热压来完成覆膜的加工。

即涂覆膜工艺流程：

备料→薄膜放料→涂布胶液→烘干→热压合→收卷→存放→分切→成品

↑

纸印刷品输送

其中的主要工序是涂黏合剂、烘干、热压复合。

①涂黏合剂。使用黏合剂前，要注意黏合剂与稀释剂的配比，并在使用中不断进行修正，直到符合标准为止，否则易造成覆膜质量故障。

②烘干。烘干温度的控制非常关键，烘干的目的是除去黏合剂中的稀释剂。烘干温度与机速、黏合剂涂布量、溶剂性能及风速有密切关系。

③热压复合。纸膜复合时，机速、复合温度、压力三者之间既相互关联又相互制约，通常纸膜复合时，若机速快，复合温度要相应提高，压力也要调大些。在保证覆膜表面不起泡、纸张不起皱、薄膜不变形的情况下，温度调稍高一些，压力稍大一些，有助于提高纸塑复合的质量和粘接牢度。

即涂覆膜是在即涂型覆膜机上完成的，如图5-39、图5-40所示。

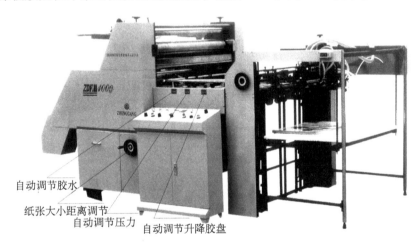

自动调节胶水
纸张大小距离调节
自动调节压力
自动调节升降胶盘

图5-39　全自动水性覆膜机

2. 预涂覆膜工艺

预涂覆膜工艺是将黏合剂预先涂布在塑料薄膜上，干燥后收卷待用。复合时，将印刷品用预涂塑料薄膜经热压，即完成复合的工艺。

预涂型覆膜机由薄膜放卷、印刷品自动输入、热压复合、自动收卷四大部分组成。

与即涂型覆膜机相比，由于不需要

图5-40　高精度覆膜机

黏合剂涂布和干燥部分，所以结构紧凑，体积小，造价低，操作简单，具有随用随开机，效率高的特点，主要结构如图5-41、图5-42所示。

预涂膜覆膜的操作程序主要有放料、开机、输送印刷品、收卷、分切等步骤。

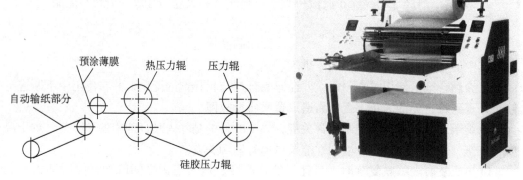

图 5-41　预涂型覆膜机结构示意图　　　　图 5-42　干式覆膜机

三、烫箔

烫箔是一种利用压力与温度将金属箔烫印到印刷品表面的方法。由于金属箔多为电化铝，所以又称电化铝烫印，俗称烫金。

电化铝烫印的图文呈现出独特的金属光泽和强烈的视觉效果，其光亮程度大大超过印金和印银，从而使其装饰的产品显得华贵和富丽堂皇。烫金被广泛应用于高档、精致的包装装潢、商标和书籍封面等印刷品上，如图5-43所示。

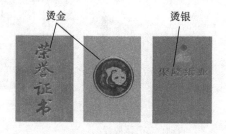

图 5-43　烫金产品

烫印除具有表面整饰功能外，还具有一定防伪功能，在美国和欧洲，绝大多数证件或证书都利用烫印及全息烫印作为防伪手段。

（一）电化铝箔的结构和种类

1. 电化铝箔的结构

常用的电化铝箔由五层不同材料构成，从反面到正面依次为基膜层（也称片基）、释放涂层（也称剥离层）、颜色涂层、铝层和胶黏涂层，如图5-44所示。

（1）基膜层。基材薄膜是转移层的载体

绦纶基膜层　12.00μm
释放涂层　0.01μm
颜色涂层　1.00μm
金属涂层　0.02μm
胶黏涂层　1.50μm

这几层为转印层，受热都被移到被烫金物体表面

图 5-44　电化铝箔结构图

（支持体）。在转移过程中基材薄膜与烫印装置直接接触、温度很高，薄膜在烫印温度下应不会熔化才能完成转移。PET（聚酯）和OPP（拉伸聚丙烯）伸缩率较低且耐高温，常用来制作电化铝箔的基本薄膜。

（2）释放涂层。释放涂层是以蜡和硅树脂为主体的，转印时，能够在温度作用下与基材薄膜分离，并保护转印层从基材薄膜上顺利转移。释放层的透明性非常重要，释放层不透明将影响到图文的表现效果和颜色质量。

（3）颜色涂层。它主要是显示电化铝的色彩，主要成分是醇溶性染色树脂。

（4）铝层。铝层是利用金属铝能较好地反射光线的特点，使电化铝呈现金属光泽，一般由真空镀铝的方法完成。

（5）胶黏涂层。胶黏涂层是一种热熔胶，在烫印时，电化铝箔与被烫印材料接触，遇热后起良好的黏结作用。

2．常用种类

电化铝主要是以颜色分类，常用的是金色，还有红色、银色、蓝色、橘色、翠绿色等十几种颜色。除电化铝外，还有铬箔、镍—铬箔，以及高光、亚光、丝纹、喷砂、纺织、大理石、木质、蛇皮、皮革等特种装饰效果的烫印箔。如图5-45所示。

图5-45 烫印箔

应用时，应根据金属箔的烫印性能和承印材料合理选用不同种类的金属箔，并根据需要将金属箔分切成需要的尺寸规格。

（二）烫印机

烫印机是采用温度和压力把电化铝箔上带色彩的转移层转印在产品上的机器。

烫印机主要由机身机架、烫印装置、电化铝传送装置组成，如图5-46、图5-47所示。烫印机的工作原理如图5-48所示。

图5-46 手动烫印机

图5-47 气动烫印机

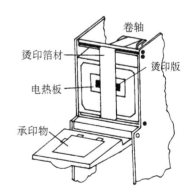

图5-48 手动平压平式烫印机示意图

烫印装置包括电热板、烫印版、压印版和底板。电热板固定在印版平台上，内装有大功率的迂回式电热丝；烫印版为凸铜版或锌版，粘贴在底板上；压印版通常为铝版或铁版。

电化铝传送装置由放卷轴、送卷轴、助送滚筒、电化铝收卷辊和进给机构组成。

（三）传统电化铝烫印工艺

电化铝烫印工艺如下:烫印前的准备→装版→电化铝的安装→烫印条件调整→烫印。

1. 烫印前的准备

（1）烫料的准备。包括电化铝型号的选择和按规格下料。在选择电化铝时，不仅要选择颜色，最主要的应根据用途选择型号，型号不同，其性能、适烫的材料及适用范围也不同。

（2）烫印版的准备。烫印版材多为铜版，其特点是传热性能好、耐压、耐磨、不变形，一般用于长版活的烫印；当烫印数量较少时，也可采用锌版。

2. 装版

装版是将制好的铜或锌版固粘在机器上，并将规矩、压力调整到合适的位置。印版应粘贴、固定在机器底板的中心位置。

现在多采用硅胶直接将烫印版粘在电热板上。由于硅胶具有导热性良好和黏着强度大的特点，克服了烫印过程中烫印版局部脱膜和温度难以控制的缺点。

3. 电化铝的安装

适当调整压卷滚筒压力和收卷滚筒拉力。使电化铝的安装不过紧或过松。电化铝过紧，则字迹易缺笔断画；过松则烫印字迹模糊不清晰。

4. 烫印条件调整

正确地确定烫印条件，是获得理想的烫印效果的关键。烫印的工艺条件主要包括：烫印压力、温度及速度，理想的烫印效果是这三者的综合效果。

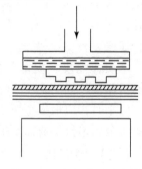

图 5-49 烫印原理示意图

5. 烫印

当电化铝箔受压受热后，释放层熔化，紧接着胶黏层也熔化，压印时胶黏层黏着承印物，颜色涂层与片基脱离，将镀铝层和颜色涂层转移到承印物上。烫印时要及时观察烫印效果，随时调整烫印温度和压力。

（四）其他烫印工艺

1. 硅胶烫印版工艺

传统电化铝烫印采用的是铜、锌烫印版，这种烫印版对烫印表面的平整度要求较高，否则就会出现黏结不牢甚至图文残缺的问题；传统的烫印版也不能在硬度较高的表面上烫印，否则会损伤烫印版。而硅胶烫印版主体采用耐高温性能好的高硬度硅胶，基本上弥补了传统烫印版的缺陷。

硅胶烫印版的基层一般选用铝板。硅胶层与铝板之间用黏合剂黏结，黏结强度直接关系到烫印版的使用寿命，如果黏结强度不高，则在高温、高压下容易开裂。与铜、锌版相比，硅胶版的烫印温度一般情况下应比铜、锌版烫印温度高 30～50℃；烫印所使用的压力要小些；烫印速度更快一些。

2. 网印烫印工艺

网印烫印工艺流程为：印刷液态感光烫印油墨→干燥→胶片曝光→烫印→成品。

（1）在承印物上用丝网满版印刷感光油墨。液态感光油墨是一种无色透明的光油，专用于各种烫印，具有优异的感光性能和较高的图像分辨率。

（2）干燥。用电吹风对感光油墨进行干燥，或者用丝网烤版箱将其烘干，温度控制在40℃左右。

（3）胶片曝光。将有烫印图文内容的阳图胶片覆盖于承印物表面，进行紫外线曝光。经紫外线曝光后，非图文部分的感光膜变成热固性，图文部分仍为热塑性。

（4）热压烫印。将金、银烫印箔覆盖在承印物的表面，经过热压，烫印箔的胶黏层与感光膜的热塑性部分因热熔而黏合成一体，与热固性部分不黏附，从而实现烫印膜的热转印。可用电熨斗、烫画机进行烫印，温度控制在100～130℃即可。

（5）烫印成品。烫印后轻轻把未黏附的烫印膜撕下，光彩夺目的产品即可呈现于眼前。

四、凹凸压印

凹凸压印也称凹凸印、压凸，是包装装潢中常用的一种印后加工方法。与其他整饰加工方法不同的是，它不使用任何成色物质或油料，只用两块互相吻合对应的金属凹凸模压版，通过加热加压，使

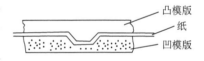

图5-50　凹凸压印原理图

印刷品表面发生一定变形，形成具有立体浮雕效果的稳定图案。凹凸压印的工艺原理如图5-50所示。

凹凸压印常被用于各种高档包装纸盒、商标标签、瓶贴等，年历、请柬等也常采用此工艺。经过压凸的印刷品，图像有立体感，艺术效果强，大大提高了装潢产品的附加值。

凹凸压印根据最终加工效果不同，可分为：单层凸纹、多层凸纹、凸纹轻压、凸纹套压四种类型。

凹凸压印工艺过程是：印刷底图→制作凹模版→制作凸模版→压印

（一）印刷底图

凹凸压印的成品大多是彩色的，通常先在纸张上用普通的印刷方法印成彩图。商标、包装盒上的金银色可用胶印印刷，也可以烫电化铝，制成底图。

（二）制作凹模版

凹凸压印中，印版要受到较大的压力作用，所以要求版材具有一定的硬度和耐磨性。目前制作凹模版多为锌板、铜板或钢板基材，厚度在0.3～0.5cm。

制作凹模版通常用雕刻、腐蚀、雕刻及腐蚀共用的方法，凹模版制作的好坏是决定压印后印品质量的关键。

（三）制作凸模版

以制作好的凹模版为母模，复制一块与凹模版完全吻合的凸模版。复制工艺有两种：一种是传统的石膏凸模版工艺，一种是新型的高分子凸模版工艺。

制作石膏凸模版是在版台上涂布石膏和树胶液调合成的石膏浆，然后与凹模版压合，待石膏浆干燥后成为凸模版。凸模版也可用高分子材料，如用热塑性塑料聚氯乙烯

制成的预制版材与凹模版重合后，在专用成型机上经加热、加压，使其成型。由于传统的石膏复制凸模版工艺复杂、费时，且强度低，新型 PVC 预制凸模版工艺越来越得到广泛应用。

（四）压印

压凸纹一般在平压平压印机或自动圆压平压印机上进行。

压印时将已印好的印刷品放在凹模版与凸模版两块印版之间，用较大的压力直接压印。为了使压印的凹凸图案不变形，压印中可对印版适当加热。

五、模切与压痕

模切与压痕是商标、瓶贴、标签，特别是包装容器类印刷品最常用的印后加工工艺。

模切是用模切刀根据产品设计要求的图样组合成模切版，安装在模切机上把印刷半成品轧切成一定形状的方法，如图 5-51 所示。

压痕是利用钢线，通过压印，在印刷半成品上压出痕迹或留下供弯折的槽痕的方法，如图 5-52 所示。

图 5-51　模切纸包装盒

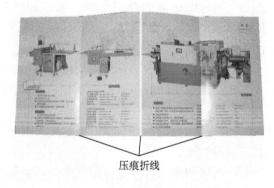

压痕折线

图 5-52　说明书压痕

在实际工作中，模切和压痕可以分别单独应用，但常常是模切钢刀片与压痕钢线合在一起制成一块模切压痕模版，同时完成模切和压痕工艺，其原理如图 5-53 所示。这块模版，习惯上称为模切版。

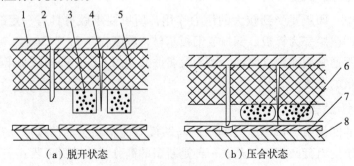

（a）脱开状态　　　　　　（b）压合状态

图 5-53　模切压痕原理图

1—版台；2—钢线；3—泡沫胶条；4—钢刀；5—木板；6—纸制品；7—垫板；8—压板

印刷概论

（一）模切压痕版的制作

在模切压痕工艺中，制作模切版是整个工艺的关键。模切版的制作统称排刀或排刀版。

1.绘制刀线图

一般由包装设计人员采用高度精确的绘图台和绘图仪设计绘制，如图5-54所示。

2.绘制拼版设计图

根据刀线图和可印刷的最大纸张尺寸进行拼版设计。目前，在模切、压痕加工中，各种小型包装盒越来越多，因此排刀中拼版数量也不断增加。排刀中，合理的组合形式不仅可以获得好的模切加工适性，而且可以节约大批原材料，模切拼版如图5-55所示。

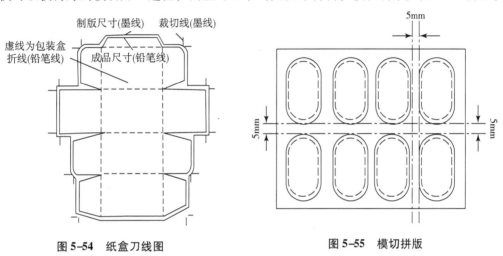

图5-54　纸盒刀线图　　　　　　　　图5-55　模切拼版

3.转移拼版设计图

转移拼版设计图就是把拼版设计图转移到胶合板上。可以用传统的画版工艺，也可用照相复制的方法。

4.底板开槽

底板开槽有三种方式：手工木板锯槽、机床界缝模槽和激光切割。

目前，国内对多层胶合板开槽，主要采用手工齿锯锯槽工艺和机床界缝工艺，如图5-56所示。

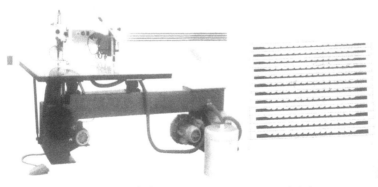

（a）锯床　　　　　　　　（b）锯刀

图5-56　机床界缝底板开槽

5. 钢刀（线）的铡切及成型加工

按照设计的规格与要求，需将模切用钢刀、钢线铡切成最大的成型线段，然后将其加工成所要求的几何形状。用于进行模切和压痕线加工的专用设备主要有刀片裁剪机、刀片成型机（弯刀机）（图5-57）、刀片切角机（图5-58）、刀片冲孔机（图5-59）。

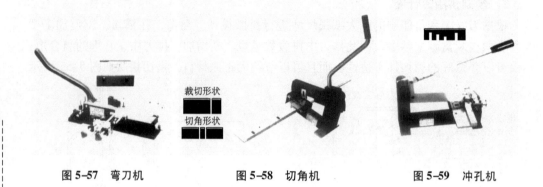

裁切形状
切角形状

图5-57　弯刀机　　　　　　图5-58　切角机　　　　　　图5-59　冲孔机

6. 安装刀线

刀片裁剪成型以后便可进行安装。安装时，要求将切割好的模版放在平台上，将加工好的刀线背部朝下，对准相应的模版位置，用专用刀模锤或木槌打上部刀口，将刀线镶入模版，如图5-60所示。

图5-60　安装刀线

7. 黏结模切胶条

模切版装刀完成后，为了防止模切刀、压痕线在模切、压痕时粘住纸张，保证纸张在模切时走纸顺畅，在刀线两侧要粘贴弹性模切胶条，把模切完成的纸板从模切版上弹出来。模切胶条按硬度可分为标准胶条、硬胶条和特硬胶条。在不同的模切机上，应根据模切的速度、模切活件及有关条件，选用不同硬度、尺寸和形状的模切胶条。

8. 试切垫版

模切版加工完毕，要先将模切版装在模切机上进行试切。试切时，若试切试样局部正常而有一部分切不透时，就要在局部范围进行垫版，当局部垫版后仍有个别刀线模切不透时，就要进行位置垫版。

（二）模切、压痕设备及工艺流程

1. 模切机

用来进行模切、压痕加工的设备称为模切机或模压机，如图5-61、图5-62所示。它主要由模切版台和压切机构两部分组成。

图 5-61 平压平压痕切线机

图 5-62 全自动平压平模切机

根据模切版和压切机构主要工作部件的形状不同，模切机可分为平压平、圆压平和圆压圆三种基本类型。根据在平压平模切机中版台及压板的方向位置不同，又可分为立式和卧式两种，如图 5-63 所示。

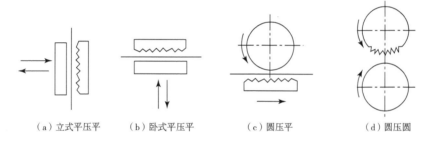

（a）立式平压平　　（b）卧式平压平　　　（c）圆压平　　　　（d）圆压圆

图 5-63 模切机的分类

2．模切、压痕工艺流程

模切、压痕的工艺流程为：上版→调整压力→确定规矩→试压模切→正式模切→整理清废→成品检查。

模切版装好并初步调整位置后，根据产品质量要求来调节模切压力。最佳压力是保证产品切口干净利索，无刀花和毛边，压痕清晰，深浅合适。

一切调整完毕，先试压模切几张进行仔细检查，一经确定，留出样张并进行正式模切。

习　题

1．简述平装书芯和精装书芯加工的相同和不同之处。
2．平装书加工过程中用到的主要设备有哪些？
3．结合骑马订、平装、精装的特点，分别总结一下哪些书常用这几种装订方法。
4．上光的作用是什么？印刷涂布上光与印刷产品有何不同？
5．比较即涂覆膜与预涂覆膜的主要异同点？
6．举出一些烫印产品，描述一下烫印后产品的效果。
7．试述电化铝烫印基本工艺过程。

第六章

数 字 印 刷

应知要点：

1. 数字印刷的概念、特点和原理。
2. 数字印刷工艺流程。
3. 数字印刷生产方式。

应会要点：

1. 数字印刷机操作。
2. 数字印刷与传统印刷在工艺流程、生产方式和成本方面的区别。

我们从前几章的学习中了解到，印刷的操作过程和印刷条件的控制是严格的，要想印刷复制精美的印刷品，在很大程度上需要依赖操作人员的经验和水平。计算机技术在印前领域取得的巨大成功，使人们对将计算机技术的应用从印前扩大到印刷及印后阶段充满期待。人们同样希望用计算机代替人工去完成印刷操作过程中的一些复杂工作，并为此进行了深入的研究。

人们开发了计算机直接制版技术，其中脱机直接制版技术可以省略拼版、出片、晒版等步骤；在机直接制版技术可以省略拼版、出片、晒版、装版等步骤。人们研制了计算机印刷控制系统，该系统可对多色胶印机各个墨区油墨的总量进行控制，对每张印刷品的密度、网点扩大值进行检测，对各色印版的套印进行自动控制和校准。但这些成果毕竟只是使印刷机的自动化程度得到提高，印刷的实际操作过程和印刷工艺并没有根本性的改变。

1995 年，数字印刷机在德国的 Drupa 国际印刷博览会上推出，数字印刷这种印刷方式令大家耳目一新，它涵盖了现代数字信息技术、计算机与网络技术、电子通讯技术和印刷技术等多个领域，是一种印量灵活、印品多样化与个性化、方便存储、可多次调用电子文件进行印刷的全新印刷方式。

下面，我们就一起认识数字印刷。

第一节　数字印刷原理及操作

【任务】掌握数字印刷的概念，了解数字印刷的原理和特点，了解数字印刷机的操作。

【分析】数字印刷具有与传统印刷完全不一样的印刷方式。通过学习，了解数字印刷的概念、原理、特点及数字印刷机的操作。

一、数字印刷的概念

数字印刷是利用数字技术对原稿上的图文信息进行处理，然后通过数字印刷机（见图6-1）将油墨或色料直接转移到承印物表面而得到印刷品的印刷过程。

图6-1　柯达彩色数字印刷机

数字印刷是一项综合性很强的技术，它通过数字印刷机把印刷带入了一个最有效的方式：从输入到输出，整个过程可以由一个人控制；省略了分色输出、拼版、晒版、装版等步骤；还可以实现一张起印。

二、数字印刷的特点

有这样一些印刷任务：

（1）一些重要的客户到公司参观，公司想在客户下午离开之前印制一本客户到公司参观的纪念册送给各位客户，能做到吗？

（2）毕业班同学要印制毕业纪念册，每人一册。但大家都希望自己那一册上有关自己的内容要排在首页，其他同学的内容则按照自己喜欢的顺序排列。怎么印？

（3）国外一个包装品宣传册在内地印刷，要求样张必须经国外客户签字认可，怎么办？

对于上述具有明显个性化的印刷品，虽然仍可用凸版印刷、平版印刷、凹版印刷、孔版印刷等传统印刷方式印刷，但时间长、工序多、成本高，不经济。

数字印刷能轻而易举地解决这些问题，因为数字印刷具有如下特点。

（一）全数字化过程

数字印刷方式的工作流程是：电子印前系统→印刷→印刷品，由于无须制版，工艺流程大大简化。通常只需出一、二次样张，通过标准测试条检测调试后，即可进行成品印刷。与传统的印刷工艺包括输出胶片、打样、拼版、晒 PS 版、上机等工序相比，大大节省了时间，降低了部分制作成本。传统印刷平时三四天才能交货的印刷品，数字印刷几个小时即可完成，能最大限度地满足客户的要求。像上面公司的想法，使用数字印刷机完全可以做到。

此外，如果某个印刷品的部分内容需要修改，可以很方便地将文件按客户要求改版后直接印刷，而无须像传统印刷那样重新输出胶片，再打样、晒版等，不存在材料的损耗，充分体现了数字印刷的快捷性。

（二）可变信息印刷

数字印刷能够完全做到前后两张印刷品内容的不同，每一页上的图像或文字可以在一次印刷中连续变化，从而实现可变数据的印刷，具有更大的灵活性。像上面所提到的某毕业班同学印制毕业纪念册的特殊要求，只要我们在印前图文信息处理时按同学们的要求进行处理，形成满足学生要求的电子文件，就能够印出同学们要求的毕业纪念册。

此外，在防伪印刷中，经常需要二维条码印刷，这将涉及可变数据印刷，而可变数据印刷必须采用数字印刷技术和设备来完成。

所以，数字印刷非常适合经常变换印刷内容和版式的个性化按需印刷市场。

（三）可实现异地印刷

数字印刷技术以数字化为基础，数据来源可以直接从互联网获得。客户不需要到企业来，只需通过网络系统就可以与企业进行数据交换，实现印刷品的输出。客户可将自己的待印图文信息通过互联网传输给自己委托的印刷公司，印刷公司将其进行各种处理后，再通过互联网将打样效果传给客户，如果客户满意就可以直接上机印刷。采用这种方式不需要客户到企业来或印刷公司将样本送交客户，基本上没有什么费用。

（四）一张起印

由于印一张和印数千张的印刷品每张成本不变，数字印刷可以一张起印，在印刷数量上没有任何限制。

正是由于数字印刷的这些特点，使之特别适用于按需印刷短版市场和可变数据个性化印刷市场。

三、数字印刷基本原理

数字印刷根据成像原理主要分为以下几类：静电成像数字印刷、喷墨成像数字印刷、磁成像数字印刷和电凝成像数字印刷等，下面重点了解常用的静电成像和喷墨成像基本原理。

（一）静电成像数字印刷原理

静电成像数字印刷是利用数字图文信息控制激光扫描的方法在光导体上形成静电潜影，再利用带电色粉或电子墨与静电潜影之间的电荷作用力实现潜影的可视化（着墨），然后将色粉或电子墨影像直接或间接转移到承印物上完成印刷。如图 6-2 所示。

图 6-2　静电成像

静电成像数字印刷的过程分为充电、曝光、显影、转移（印刷）、定影和清洁（稳定）6 个阶段。静电成像数字印刷过程是上述 6 个阶段的不断重复。由于每次光导体都要重新充电，因此每次印刷的内容均可以不同。如图 6-3 所示。

1．充电

在高电压作用下，空气中的气体分子发生电离，产生正电荷和负电荷，使光导体带上正、负电荷。

2．曝光

激光器发生的激光与经过 RIP 处理的版面图文信息进行调制，变成受控激光束照射在光导体上。被激光束照射的部分变成电导体，电荷消失；未被激光束照射的部分没有变成电导体，电荷仍然存在。

3．显影

在显影单元，静电潜影（图文部分）在电场力和机械挤压力作用下，使色粉或电子墨附着在静电潜影上，实现静电潜影的可视化（着墨）。

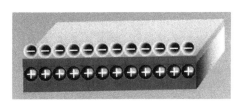

（a）充电

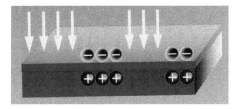

（b）曝光

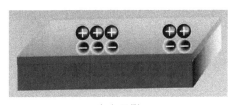

（c）显影

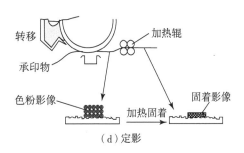

（d）定影

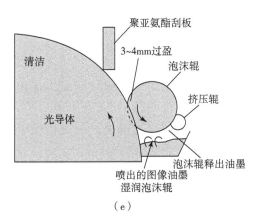

（e）

图 6-3　静电成像数字印刷过程示意图

4. 转移

在机械挤压和电场力以及高温共同作用下，光导体上成像物质先转移到中间橡皮布滚筒上，再转移到承印物上。

5. 定影

在热压作用下，转移到承印物上的色粉或电子墨牢固附着在承印物上。

6. 清洁

将光导体上残存的色粉（或电子墨）清除掉，为再次充电、曝光、显影等作准备。

（二）喷墨成像数字印刷原理

喷墨印刷就是在版面图文信息控制下，将液体呈色物质以一定的速度从微细的喷嘴射到承印物上，然后通过色墨与承印物的吸附作用实现原稿图文再现。如图6-4所示。

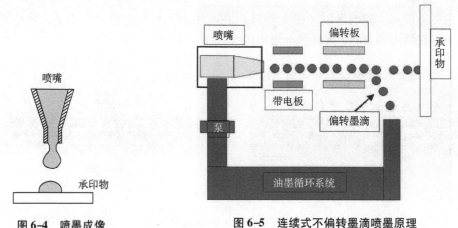

图6-4　喷墨成像　　　　　　　图6-5　连续式不偏转墨滴喷墨原理

喷墨印刷按照喷墨的形式可分为：连续喷墨和按需喷墨。

我们简要介绍连续式不偏转墨滴喷墨（见图6-5）技术：液体呈色物质在压力的作用下通过细小的喷嘴，在高速下分散成细小的墨滴，高速墨滴通过充电板而带电荷，再通过偏转电场，在版面图文信息控制下，偏转电场间歇有或无。当电场不存在时，墨滴没有发生偏转到达承印物表面，形成图文；当电场存在时，在电场力作用下发生偏转的墨滴回到循环系统。

四、数字印刷机操作

数字印刷系统主要由印前系统和数字印刷机组成，有些系统还配有装订和裁切设备。

数字印刷机精密度较高，但从操作性来说，却比传统印刷机简单，可实现人机对话。

（一）富士施乐 DocuColor 2060 数字印刷机结构

我们以富士施乐 DocuColor 2060 彩色数字印刷机（见图6-6）为例简述其操作过程。该机采用墨粉印刷，分辨率为 600dpi，能承印普通纸张和美术涂布纸，承印物为 $64\sim280g/m^2$，A4 单面印刷速度为 3600 张/小时，双面印刷为 1800 张/小时。

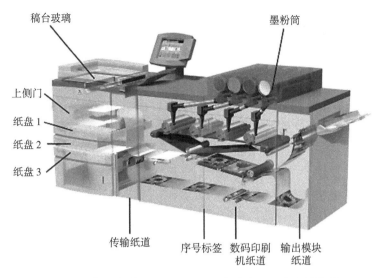

稿台玻璃　　　　　　　　　　墨粉筒

上侧门

纸盘1

纸盘2

纸盘3

传输纸道　　序号标签　　数码印刷　输出模块
　　　　　　　　　　　　　机纸道　　纸道

图6-6　富士施乐 **DocuColor 2060** 数字印刷机内部结构图

（二）富士施乐 DocuColor 2060 数字印刷机操作

1．准备工作

（1）数字印刷机检查。

（2）承印物准备、放置。根据印刷品要求，把一定规格、种类的承印物放到纸盘中。

2．打开电源

电源开关按到 ON 位置时，打开数字印刷机电源，定影部件加热、数字印刷机自检，屏幕提示"等候"。

3．图文信息文件调入

（1）通过触摸屏调入印前工序准备好的电子文件。

（2）如果给的是原稿，则将原稿放在自动双面输稿器上，由自动双面输稿器对原稿进行扫描，将调入的模拟原稿图文信息变为电子文件。

4．试印刷

通过触摸屏和控制面板（见图6-7）输入印刷指令，印出几张印张，供检查印刷质量，或者供客户签字。

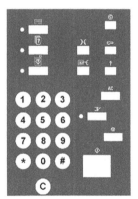

图6-7　控制面板

5．正式印刷

试印刷出来的印张，经检查合格或者客户签字后，正式印刷；正式印刷过程中，应经常抽检印张，确保印刷质量。

6．印刷结束

印刷结束后，将电源开关按到 OFF 位置时，关闭数字印刷机电源；保养设备。

第二节　数字印刷与传统印刷的比较

【任务】了解数字印刷与传统印刷的区别。

【分析】数字印刷与传统印刷有着不同的成像技术和转移工艺，但是它们最终的目标都是生产符合视觉要求和使用要求的印刷品。它们的不同在于印刷方式的不同、成本的差异和质量的比较，通过比较，使学生们对传统印刷和数字印刷有更全面的认识。

数字印刷与传统印刷有着不同的成像技术和转移工艺，但是它们最终的目标都是生产符合视觉和使用要求的印刷品。它们的不同在于印刷方式的不同、成本的差异和质量的比较，传统印刷的主要印刷方式是胶印，因此以平版胶印为主，对数字印刷与传统印刷进行比较。

一、工艺流程比较

传统印刷比数字印刷工艺流程复杂。

1. 传统印刷工艺流程

传统印刷工艺流程如图6-8所示。

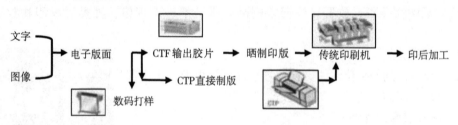

图6-8　传统印刷工艺流程

原稿通过文字录入、图像扫描处理，再按客户要求把图像、文字组合起来，有的还经过拼大版，形成电子版面文件。经过校对后的电子版面文件通过数码打样机打样，成为客户签字样和印刷参考样；也有些印刷公司采用机械打样，先晒制印版再上机械打样机打样。印版制作有两种方式：①CTF流程。先通过激光照排机输出胶片，再晒制印版。②CTP流程。直接用CTP直接制版机输出印版。制作好的印版按要求装到印刷机上，进行印刷。印刷出来的印刷半成品，经过印后加工成为印刷成品。

传统印刷（胶印）是模拟流程。传统印刷流程需制版、装版等工序，工序烦琐；版面一经制好，内容不能变更。若需要改版，还需要重新输出胶片、制版，这不仅浪费时间，也浪费材料。

2. 数字印刷工艺流程

数字印刷工艺流程如图6-9所示。

原稿通过文字录入、图像扫描处理，再按客户要求把图像、文字组合起来，有的还经过拼大版，形成电子版面文件。经过校对后的电子版面文件通过数码打样机打样，有些印刷公司用数字印刷机打样，成为客户签字样。经确认无误后，即可在数字印刷机上印刷。印刷出来的印刷半成品，经过印后加工成为印刷成品。

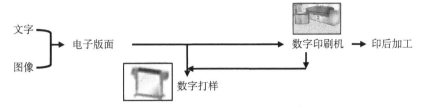

图 6-9　数字印刷工艺流程

数字印刷是数字化流程。数字印刷流程是从计算机直接到印刷品的全数字化生产过程，只需原稿电脑制作和印刷两个工序，不需要胶片和印版，印刷工艺过程中可随时改变印刷内容，从设计到印刷一体化，无水墨平衡问题，一人便可完成整个印刷过程。

二、生产方式比较

传统的印刷生产是典型的以"模拟流程＋仓储＋交通运输"为技术基础的生产方式，数字印刷则是建立在"数字流程＋数字媒体/高密存储＋网络传输"基础上的一种崭新生产方式。

（1）传统的印刷生产过程是按照印前、印刷、印后，以及销售环节中的仓储、运输，最后到顾客手中来进行排列的。在时间顺序上具有非常严格的逻辑先后次序。整个生产过程都是以物理载体的转换为特征，从原稿到数字文件、到胶片、到印版、最后到印刷品，都是在不同物理载体之间的相互转换。这种生产方式不可避免地要受到时间和地域的限制。

（2）数字印刷一样需要必要的印前处理，但印前处理所形成的数字文件并不需要立即印刷输出，而是按照数字方式存储在系统中或通过数字网络传输到异地，最后，根据顾客的定货需求再完成印刷输出，即可以"先销售，后印刷"。数字印刷与网络结合，可以建立一种全球范围内的按需生产和服务的系统，满足个性化印刷、按需出版市场的需要。

三、印刷质量比较

从印刷质量上来讲，数字印刷目前从总体上来说不如传统胶印。

（1）层次再现方面。目前使用的数字印刷机的印刷质量与细网线胶印产品相比还有一定差距。主要原因是墨粉中掺入的杂质粒子影响了数字印刷产品阶调的再现，而胶印油墨中的杂质对印刷品阶调的影响却微不足道。

（2）数字印刷正反面套印不够精确。

（3）数字印刷对纸张适应性差。

由于墨粉、电子墨对承印物有特殊要求，因此数字印刷的承印物范围比传统印刷相对要窄，需使用专门种类的承印物；承印物幅面也较小。

四、印刷成本比较

从经济成本的角度来看，数字印刷之所以定位在从零张到数百张、数千张范畴的短版印刷市场，就是因为数字印刷与传统印刷相比，在小印量方面具有一定优势，而在印刷数量大的情况下，与传统印刷每张的成本相比并没有优势可言。

1. 传统印刷成本随着印数增大而下降

传统印刷由于使用印版，因而涉及制版以及相应的耗材费用。当印刷数量较小时，每页印刷品分担的制版等耗材成本较多；随着印数的增加，单页分担的成本不断降低，当印刷数量很大时，每页印刷品分担的制版等耗材成本可以降到不予考虑的程度。

2. 数字印刷单张印刷品成本固定

数字印刷不需要制版，不存在制版成本分担的问题，因此，印刷1张、10张、100张和10000张都不会影响单张印刷品成本。

总之，传统印刷针对的是大规模生产的、大众需求的印刷市场；数字印刷针对的则是个性化、按需生产、可变信息印刷市场。由于数字印刷与传统印刷之间存在着这样那样的差别，使得按需印刷、可变信息印刷市场成为传统印刷不能覆盖的领域，这也决定了这两种技术将保持相互弥补、相互促进、各自发展的态势。

习　题

1. 数字印刷特点是什么？
2. 静电成像的基本原理是什么？
3. 喷墨成像的基本原理是什么？
4. 富士施乐 DocuColor 2060 数字印刷机如何操作？
5. 结合印刷实例，说出传统印刷工艺流程和数字印刷工艺流程有何区别？
6. 总体来说，数字印刷适合短版印刷、传统印刷适合长版印刷，请从印刷成本角度分析其中原因？
7. 在今后一段时间内，数字印刷能完全取代传统印刷吗？为什么？

印刷概论

第七章

常见印刷品印刷工艺流程的认知练习

应知要点：

1. 掌握印前、印刷、印后加工等各工艺的作用。
2. 了解印前、印刷、印后加工等各工艺中不同方法的特点和使用范围。

应会要点：

能够正确列出印制产品所需要的具体工序。

我们已经学习了各种印刷工艺。我们知道，要印制一个产品，必须完成整个印刷过程，也就是要经过印前处理、印刷、印后加工等三大工序。但就印前处理而言，又有文字信息处理、图像信息处理等多种工序，印刷有凸印、胶印、凹印等多种工艺，印后加工有装订、模切等多种工序，装订又分为精装和平装。那么，印制一个产品到底需要哪些具体的工序？选择哪些工艺和工序效果最好、最符合客户要求？

我们也初步认识了各类印刷设备。我们知道，印刷机种类繁多，有凸版印刷机、平版印刷机、凹版印刷机、孔版印刷机、特种印刷机等多种类型；有平板纸印刷机（单张纸印刷机）、卷筒纸印刷机两种型式；有单色印刷机、双色印刷机、四色印刷机等；有单面印刷机、双面印刷机；单面印刷机，有八开印刷机、四开印刷机、对开印刷机、全张印刷机、双全张印刷机等多种规格。那么，印制一个产品到底应该使用哪类印刷机？选择哪种印刷机效果最好？

我们先完成下列练习：

①填写下列空格，写出印刷的三大工序：

[　　　] → [　　　] → [　　　]

②填写下列空格，写出文字信息处理的主要工序：

[　　　] → [　　　] → [　　　] → [　　　]

③填写下列空格，写出图像信息处理的主要工序：

[　　　] → [　　　] → [　　　] → [　　　]

④制作柔性版，需要哪些步骤：

[　　　] → [　　　] → [　　　] → [　　　] → [　　　]

⑤制作 PS 版，需要哪些步骤：

	→	→	→

⑥制作电子雕刻凹版，需要哪些步骤：

	→	→	→

⑦制作丝网版，需要哪些步骤：

	→	→	→	→

下面，我们就从书刊印刷、报纸印刷、广告印刷、包装印刷四个方面对各类印刷品的印刷工艺流程进行总结，做一些认知练习，通过这些认知练习，对本课程进行一次全面的复习，通过完成整个复习过程，达到学习本课程的目的。

一、书刊印刷

书刊印刷就是印制各类书籍、期刊杂志等，这些产品的内容以文字为主，有部分插图，封面多为彩色。书刊也包括一些画册，它们则是以彩色或黑白图像为主。

目前书刊印刷主要采用胶印印刷方式。因此，采用胶印工艺印制各类书籍、期刊杂志等有以下几个步骤。

1. 印前处理

包括文字录入、图像信息处理、排版、输出胶片、制版等。

2. 印刷

书刊印刷包括内文的印刷和封面的印刷。

书刊内文多为单色，且需两面印刷，使用双面单色胶印机印刷非常方便，也可使用卷筒纸胶印机印刷；如果内文是彩色的，可使用四色胶印机印刷。

书刊封面使用单张纸四色胶印机印刷效果最好。

3. 印后加工

书籍、较厚的期刊杂志多采用胶订工艺，较薄的杂志多采用骑马订工艺。

做一做：

①写出采用胶印方式进行书刊印刷的完整工艺过程。

②想印制一本画册，请总结一下，需要用到哪些章节的知识？写出完整的画册印制过程。

二、报纸印刷

报纸印刷以文字为主，并配有部分照片，有彩色报纸和黑白报纸两类。

目前国内报纸印刷主要采用卷筒纸胶印印刷方式，在国外也有使用柔性版印刷方式，这种方式更环保、更经济。使用胶印方式有以下几个步骤。

1. 印前处理

包括文字录入、图像信息处理、排版、输出胶片、制版等。

2. 印刷

使用印报胶印轮转机印刷；这种胶印轮转机正反两面同时印刷，既可印单色，也可以印彩色。

3．印后加工

印报胶印轮转机都带有联机折页裁切装置，印好的报纸在机器的尾部被折好并裁切。印后加工只是将印好的报纸按顺序码好并打包。

做一做：

①印刷报纸，有几种印刷工艺可供使用？分别列出各工艺中使用的印版、印刷机类型。

②写出采用胶印方式进行报纸印刷的完整工艺过程。

③写出采用柔性版印刷方式进行报纸印刷的完整工艺过程。

三、广告印刷

广告印刷就是印制各类商品广告、海报、招贴画等，这些产品的内容以彩色和黑白图像为主，也有少量文字。

广告印刷主要采用胶印印刷方式；部分大幅广告、招贴画使用喷绘机喷绘制作；在其他材料上印制可采用柔性版印刷方式及丝网印刷方式。

采用胶印工艺印制时，有以下几个步骤。

1．印前处理

包括图像信息处理、文字录入、图文合一排版、输出胶片、制版等。

2．印刷

使用四色胶印机印刷。如果没有四色胶印机，也可使用单色或双色胶印机套印。

3．印后加工

按照客户要求的成品尺寸规格裁切、折页并打包。

想一想：

一般海报、招贴画等是单面印刷还是双面印刷？

做一做：

①写出采用胶印方式进行广告印刷的完整工艺过程。

②印制文化衫，上有单色图案，列出印制具体工艺。

四、包装印刷

包装印刷指以各种包装材料为主要产品的印刷。

包装印刷采用的印刷方式随着使用的包装材料的不同而不同，有凸印、胶印、凹印等多种工艺。纸盒类及金属类包装印刷采用胶印工艺，塑料包装印刷多采用凹印工艺，在玻璃、纺织品上印刷则采用丝网印刷方式。印制塑料包装袋，有以下几个步骤。

1．印前处理

包括文字录入、图像信息处理、排版、输出胶片、制凹印版等。

2．印刷

塑料包装袋应采用凹印工艺，使用凹印机印刷；印刷好的塑料包装材料经干燥后复卷。

3．印后加工

主要是将复卷的已印刷好的塑料包装材料在分切机上分切成一定规格或在制袋机上

制成包装袋。

一些塑料包装袋不需要印后加工工序，像方便面包装袋就是将方便面装入已印刷好的塑料包装材料后再封口并裁切。

做一做：

①接到一个印刷彩色包装盒的任务，有文字说明，有烫金，部分图案凸起，请总结一下，需要用到哪些章节的知识？写出具体的工艺过程。

②接到一个印刷彩色包装塑料袋的任务，有图案和文字说明，请总结一下，你需要用到哪些章节的知识？写出具体的工艺过程。

综合练习：

如果你是印刷厂的业务员，厂里有激光照排、图文处理设备，有平版制版设备、凹版制版设备，有四色胶印机、双面印胶印机、卷筒纸胶印机、凹印机，有书刊装订设备、模切机。现在有六种需要加工的产品：彩色包装盒、小说（封面压膜）、杂志、彩色塑料包装袋、广告宣传页、专用票据（如发票等）。请问：哪些产品你们厂可以做？能做的请把整个工艺过程列出来，并注明使用什么设备。哪些产品你们厂部分工序可以做？还有哪些工序需要其他厂协助才能完成？

印刷
概论

参考文献

[1] 张树栋等. 中国印刷史简编. 上海：百家出版社，1991.

[2] 罗树宝. 中国古代印刷史. 北京：印刷工业出版社，1993.

[3] 刘跃坤. 印刷概论. 北京：印刷工业出版社，2000.

[4] 顾萍. 印刷概论. 北京：科学出版社，2002.

[5] 刘真，郭春霞. 印刷概论. 北京：印刷工业出版社，2003.

[6] 庄景雄. 印前·输出·印刷. 广州：岭南美术出版社. 2003.

[7] 冯瑞乾. 印刷概论. 北京：印刷工业出版社，2005.

[8] 王野光. 印刷概论. 北京：中国轻工业出版社. 2005.

[9] 金银河. 实用包装印后加工技术指南. 北京：印刷工业出版社，2006.

[10] 宋协祝，白研华，金杨. 印前工艺. 北京：印刷工业出版社，2006.

[11] 王淮珠. 精、平装工艺及材料. 北京：印刷工业出版社，2007.